JN022367

リスボン
災害からの都市再生

大橋竜太

彰国社

デザイン　水野哲也（watermark）

プロローグ

1　ポルトガルと首都リスボン

ポルトガルはヨーロッパ西端の小国であり、日本人にはあまりなじみがない国かもしれない。日本からの直行便もなく、なかなか行きにくいのも原因しているのだろう。しかし、歴史的にみると、わが国との関係は非常に濃厚である。いわゆる「鉄砲伝来」として語られる火縄銃が日本に伝えられたのは、ポルトガル人の手によってである。これによって戦の方法が大きく変化し、戦国時代の勢力分布が塗り替えられるなど、わが国の歴史に大きな影響を及ぼした。同じ頃、わが国にキリスト教を伝えたとされるフランシスコ・デ・ザビエル（一五〇六頃～五二）はスペイン人ではあるが、アジアにやってくるきっかけとなったのは、ポルトガル王ジョアン三世（在位一五二一～五七）の命によってであった。一五八二（天正一〇）年に九州のキリシタン大名の大友義鎮（宗麟）、大村純忠、有馬晴信の名代として四名の少年からなる天正遣欧少年使節がローマへ派遣された際、かれらが最初にたどり着いたのはリスボンであり、ヨーロッパのなかでも最初にわが国との交流が生まれた国がポルトガルであった。今でも、これらの交流の痕跡がいたるところで残っている。たとえば、長崎名物となっているカステラは、もともとはポルトガルの菓子である。カッパ、ボタン、かるた、金平糖、てんぷら、タバコなど、われわれが日常的に使っている言葉も、ポルトガルから伝わってきた外来語に由来する。ほかにもポルトガルは国土の半分が海に面しており、漁業がさかんで、海産物を用いた郷土料理も豊富であるなど、わが国との共通点も多い。さらに、ポルトガルはわが国と同様に地震への恐怖心を有しており、知れば知るほど、なじみが深く感じられることであろう。

本題に入る前に、ポルトガルの歴史について簡単におさらいをしておこう[1]。ポルトガルが列強国に名を連ねるようになるのは、大航海時代になってからである。つまり、それまで西欧にとって未開であったアフリカ、アジア、アメリカ大陸への航海、探検、開拓に、ほかの国々に先駆けて注力し、同じ政策をとるイベリア半島の隣国で、すでに大国の仲間入りを果たしていたスペインと競い合いながら、驚異的な急成長を遂げていった。その始まりは、一四一五年のジョアン一世（在位一三八五～一四三三）による北アフリカの港湾都市セウタの攻略とされる。イスラム国モロッコの中心都市セウタは、北アフリカの金（ゴールド）の集散地として栄えており、歴史的に対立するイスラム国家から、資金源となる金を奪おうとするものであった。その後、エンリケ航海王子（一三九四〜一四六〇）が登場し、海外への領土拡大、すなわち植民地政策が本格化した。ポルトガルは、モロッコや西アフリカ沿岸部を攻略しながらアフリカ大陸を西回りに南下し、さらにインドを目指した。その過程でブラジルに到達し、その後、アメリカ大陸をも植民地化した。やがて、ヴァスコ・ダ・ガマ（一四六〇〜一五二四）がインド航路を発見し、ファルディナンド・マゼラン（一四八〇〜一五二一）の船隊が世界一周の航海に成功する。これらの航海の拠点となったのが、ポルトガルの首都リスボンの港であった。夢を求めて出港していった航海船は、大量の富とともに寄港する。港町リスボンは潤い、こうしてリスボンは世界屈指の交易都市となっていった。この頃、すなわち一五世紀半ばからしばらくの間が、ポルトガルがもっとも輝いていた時代であった。

しかし、その後、国力を超えた領土の急拡大は、他国からの羨望の的となって反発が強くなり、また、インドからの香料貿易も衰退を始め、一六世紀後半から徐々に勢いが失われていった。その結果、一五八〇年にはスペインに併合されてしまう。しかし、一六四〇年に再度独立し、ブラガンサ朝（一六四〇〜一九一〇）を開き、復活を果たす。その背景にあったのは、植民地ブラジルとの独占的な交易であり、砂糖産業の興隆、新たな金鉱の発見により輝きを取り戻し、これが一七八〇年くらいまで続いた。その過程で、軍による艦隊の航海技術や製造技術、要塞の建設技術や商館の防衛技術が発展していった。この技術は、リスボン地震後の復興に大きく貢献することになる。

一方で、国内経済の観点では、植民地政策の成功のようにはうまくいかなかった。特に、一七〇三年にイギリスとの間で締結したメシュエン条約は、ポルトガルの近代化ならびに経済成長の大きな妨げになった。この条約によって、イギリスの繊維が輸入されるようになったため、国内の繊維生産は停滞し、さらには繊維以外の産業までもが軽視される結果となった。こうしてポルトガルは近代化の波にのれず、また、ブラジルから産出された金すら、イギリス人商人へのさまざまな優遇策によってイギリスに流れるなど、国内経済は成長とはほど遠い状況であった。しかも過去の栄光を奢り、旧態を維持しようとする人びとが多く、近代化どころではなかった。そのような現実はどこ吹く風としかとらえられず、ジョアン五世（在位一七〇六〜五〇、別名：寛大王）の治世には、国王は絶対王政を謳歌し、贅をきわめた本格的なバロック様式の新建築を建て、国民は実質のない好景気に浮かれていた。

こういった背景で、一七五五年一一月一日に、ポルトガルの首都リスボンを大地震が突然襲った。

2 リスボン地震へのさまざまな視座

人類史上、災害は頻繁に発生している。もちろん、災害には自然が引き起こす天災（自然災害）ばかりでなく、人為的なミスによって引き起こされる人災など、多種多様である。しかも被害の種類も程度も異なり、また、同じ災害でも規模の大小や犠牲者数など、さまざまな相違がある。こうした災害では、大規模なものほど、世の中に与える影響が大きくなるのが一般的である。しかし、それだけではない。災害のなかには、歴史を揺るがすほど大きなインパクトをもつものがまれに起こる。一七五五年のリスボン地震は間違いなくその例であり、ポルトガルの歴史書で必ず取り上げられるばかりでなく、政治学や哲学、また科学の分野でも言及されることが多い[2]。

たとえば、歴史学では、リスボン地震はしばしば大航海時代の栄華からポルトガルが衰退するきっかけとなった出来事として語られる。たしかに、地震によって受けた被害は絶大で、下り坂にあったポルトガル経済にとっては大打撃であり、ブラジルの金鉱の枯渇に始まる一七八〇年代以降の大不況が追い打ちをかけ、さらに一八〇七年にはナポレオン軍に侵入され、ブラジルに遷都するにいたった。そのため、この地震が契機になって、ポルトガルが衰退していったといわれるのは理解できる。近年では、このような見方は否定されつつあるものの、リスボン地震以降、ポルトガルは二度と絶頂時の地位に戻ることはなかったのも事実である[3]。これは否定的な見方であるが、反対に、この地震をきっかけとしてポルトガルに啓蒙思想が芽生え、近代化に方向転換することができたと、肯定的に語られることもある。近代化政策を実行したのが、独裁的政治家であったポンバル侯(一六九九〜一七八二)[4]であり、地震直後にかれがとった行動が、のちに国王からの絶大な信頼を得る要因ともなった。そして、ポンバル侯は、ポルトガルの経済改革、産業改革、宗教改革、教育改革と次々と施策を繰り広げていった。そのため、地震直後の時期は、しばしば啓蒙専制主義時代と呼ばれ、ポルトガル史上、重要な時期であったとみなされることが多い。しかし、リスボン地震が発生しなければ、そういった時代が訪れたかどうかもわからない。

一方で、リスボン地震はヨーロッパ全土の啓蒙思想家たちに大きな影響を与えた。イエズス会をはじめとするキリスト教会では、地震は神がわれわれに与えた罰だとする地震神罰説を唱えていた。しかし、地震は自然現象と考える人びとが現れた。その代表が、フランスのヴォルテール（一六九四〜一七七八）であり、『リスボン大震災に寄せる詩――あるいは「すべては善である」という公理の検討』（一七五六）[5]や小説『カンディード、あるいは楽天主義説』（一七五九）[6]などの一連の著作を発表し、これまでの地震は神の罰として起こるという考え方を否定した。これに対し、イエズス会をはじめとする旧体制派は、こういった考えは無神論者の詭弁であると真っ向から対立した。[7]この論争は、やがて世界中の哲学者を巻き込むようになり、啓蒙主義の流布の一翼を担った。このように、リスボン地震をきっかけとして、神を中心とした世界観から人間を中心とした世界観に大きく変化した。[8]

こういった哲学者の間の神学と自然科学の議論は、科学的に地震を研究することにつながった。たとえば、イマヌエル・カント（一七二四〜一八〇四）は地震の仕組みに強い興味を抱き、地震に関する論文三部作を発表し、[9]これがドイツにおける地震学の始まりとみなされている。イギリスではロイヤル・ソサイアティ（王立協会）でリスボン地震に関する議論がさかんに行われていた。[10]そのため、リスボン地震は、しばしば「古典地震学」の幕開けにつながったとされている。[11] また、近代地震学の開祖ともいえるチャールズ・デヴィソン(一八五八〜一九四〇)は、名著『大地震』(一九三六)のなかで、リスボン地震を第一章で取り上げ、地震の科学的研究の礎を示し、[12] その後、多数の研究が続くようになった。

最近では、地震直後のポンバル侯による迅速な震災施策が防災研究のなかで紹介されるなど、自然災害に対し、国家が責任をもって取り組んだ最初の例として、取り上げられることも多くなってきた。ポンバル侯のとった手法のなかには、現代でも参考になる点が多く、地震後における都市再生の検討は、ますます重要になってきたと考えられる。

このように、リスボン地震に対してはさまざまな視座があるが、本書では、主として、都市の震災復興について建築史または都市史的観点から考察していく。

目次

ポルトガル全図
ポルト
大西洋
コインブラ
スペイン
ポルトガル
シントラ
リスボン
アルガルヴェ地方
リスボン市街図
ロシオ駅
聖ロケ教会
フィゲイラ広場
ロシオ広場
カルモ
修道院
バイロ・アルト
地区
アウグスタ通り
シアード地区
バイシャ地区
聖ジョルジェ城
アルファマ
地区
リスボン
大聖堂
コメルシオ広場
（リベイラ宮殿跡地）
テージョ河

第1章　リスボン地震発生

1 厄難到来

一七五五年一一月一日、穏やかな土曜日の午前中に、西ヨーロッパの広い範囲で大きな揺れが感じられた。そして、それが史上まれにみる大惨事へつながることになる。

最初の異変は海上で現れた。午前九時三〇分頃、晴天であったにもかかわらず、突然、海が荒れだし、船舶が二度にわたって激しく揺れたと思うと、その状態が二~三分間続いた。[1] イベリア半島の聖ヴィセンテ岬の西方約五二〇キロメートル(三二五マイル)を航行中であったボストン船籍の航海船の船長エリエザー・ジョンソンは、こう報告している。ほかにも、船員が揺れで投げ飛ばされたり、船上の瓶や陶器が落下して壊れたり、船室の窓が壊れたりするさまざまな海上の禍事が記録されている。[2] 続いて内地にも変化が訪れた。約一〇分後の午前九時四〇分頃、ポルトガルの首都リスボンで、この世の終わりかと思えるほど、大地が大きく揺れたという。巨大地震の発生である。この地震は、リスボン市内の被害が著しかったことから、一般に「一七五五年リスボン地震」と呼ばれているが、地震の範囲はリスボン近郊どころか、ポルトガル国内にとどまることもなく、隣国スペインやアフリカ大陸のマグレブ諸国(モロッコ、アルジェリア、チュニジア)にまで達し、合計八〇万平方キロメートルを超す地域に及んだ。[3] また、この地震によって大規模な津波を引き起こし、震源地からわずか東方にあたるイベリア半島沿岸部はもちろんのこと、記録が残るだけでも、南はマグレブ諸国の沿岸から、北ははるかに離れたイングランド南部、西は大西洋を渡ってカリブ諸国まで広域に達した。[4]

まだ近代地震学が誕生する前の出来事であったために不明な点も多いが、残された記録や被害の痕跡の考察、地震や津波のモデリングなど、さまざまな角度から研究が行われ、この地震の詳細が解明されてきた。その結果、現在の解釈では、一七五五年リスボン地震はアゾレス・ジブラルタル断層帯で発生した海溝型地震で、震源は聖ヴィセンテ岬の西南約二〇〇キロメートル（一二〇マイル）の海面近くで、地震の規模はマグニチュード八・五～九・一（Mw：モーメント・マグニチュード）[5]と推定されている［図1-1］。リスボンでの最大震度は、改正メルカリ震度（MM）に換算するとⅨ、わが国で一般的な気象庁震度階級のおおよそ震度七であったとされ、震源に近いポルトガル南部のアルガルヴェ地方ではもっと強く揺れたと考えられている。[6]

リスボンは地震地帯にあり、この地震の発生以前にも、幾度かの地震に見舞われていた。[7] そのなかで特に大きなものは、一五三一年一月二六日に発生した地震で、地震規模六・五～七・〇（Mw）と推定されており、ポルトガル全土、スペイン、北部アフリカ地域で強い揺れがあった。[8] 当時の記録によると、この地震でリスボン市内のほとんどすべての石造の教会堂と一五〇〇棟以上の家屋が倒壊したという。また、停留中の船舶を巻き込んで、堤防を越えてテージョ河の水が逆流し、津波が発生し、多数の死傷者がでたと記録されている。[9] このように、リスボンにとって地震はめずらしいことではなかったが、一七五五年の地震はあまりにも大きな地震であり、また、人びとの記憶から地震の記憶が薄れ、ましてや地震によって津波が起こることなど忘れ去られていた際の出来事であった。[10]

2 一七五五年一一月一日

地震が発生した一七五五年は、ポルトガルにとってもリスボンにとっても、記念すべき特別な一年であった。というのは、一七五五年は一二五五年に首都をコインブラからリスボンに移してから、ちょうど五〇〇年にあたる年だったからである。リスボン遷都は、アフォンソ三世(在位一二四八~七九)がイスラム勢力からファロとシルヴェスを奪還し、レコンキスタ(失地回復、葡:ルコンキシュタ)を完了させ(一二四九)、ポルトガル王国(Reino de Portugal)が国内領土の奪還を最優先とする施策から海外進出へとかじを切る契機となった象徴的な出来事であり、ポルトガルの興隆の証左でもあった。そのため、ポルトガル国民にとって、遷都五〇〇周年の一七五五年は祝賀ムードでいっぱいであり、伝統儀式は盛大に行われ、国王ジョゼ一世(在位一七五〇~七七、別名:改革王)の肝いりのオペラ劇場が開場するなど、新旧の祝い行事の連続であった。[11]

それに加え、地震が発生した一一月一日は、カトリックの万聖節(「諸聖人の日」ともいう)[12]と重なっ

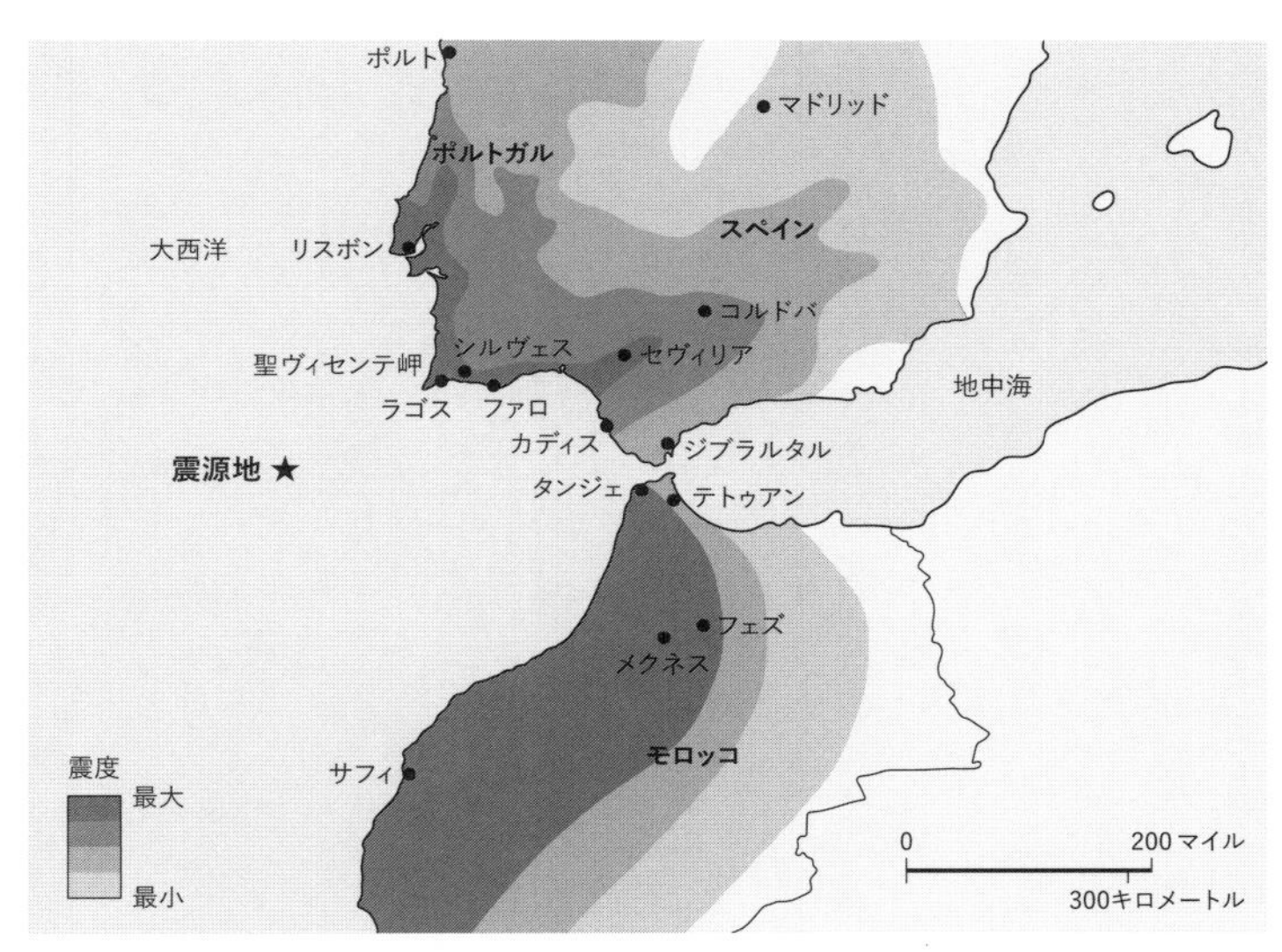

図1-1　リスボン地震の震源地

た。万聖節とは、すべての聖人と殉教者を記念するお祭りで、敬虔なカトリック国家のポルトガルにあっては、一年のなかでもっとも重要な祝日のひとつであった。祝祭は、通例、前夜の三一日から始まり、二日まで続く。リスボンにはほかの都市よりもずっと多くの聖職者が生活していたとされ、かれらはこの特別な日にあって、多忙な時間を過ごしていた。一方で、信仰心の篤い市民たちのほとんどは教会で催されるミサに参加し、その後、家族や友人たちで集まって宴を催し、祝いの時間を過ごすことになっていた。地震が発生した午前九時四〇分頃は、市民の多くは教会堂に出向いて聖職者の説教を受けているか、または、その後に催行される式典を待っているかであった。この信仰上きわめて重要な日に地震が発生したことは、啓蒙思想の黎明期にあって、思想的にも大きな影響を与えることになった。

3 リスボンの地勢

リスボン地震の被害をみていく前に、ポルトガルならびにリスボンの地勢について少々頭に入れておいていただきたい。ご存知の通り、リスボン（葡：リスボア）は、ヨーロッパ最西部に位置するポルトガル共和国（República Portuguesa）の首都である［図1－2］。イベリア半島西部に位置するポルトガルは、西部を大西洋に面しながら南北に長い長方形の国土を有している。首都リスボンは領土の南から約三分の一のところにあり、大西洋に流れるテージョ河に沿って、外洋から約一七キロメートル陸地に入った右岸に位置する。テージョ河は、河口付近は狭いが、上流に行くほど徐々に河幅が広くなり、リスボンの周辺では対岸まで一キロメートルほどとなり、さらにリスボンより上流部は広く開け、「マール・ダ・パーリャ（ワラの海）」と呼ばれる内海となる。テージョ河の内海は波が穏やかで、海上交通にはもってこいの場所であった。また、このあたりは河岸から隆起した地形が特徴的で、高い丘（最高地点：海抜二二六メートル）や深い谷があり、沿岸の水深も十分にあった。そのため、リスボンの河岸は、自然が創造した良好な港であり、古くから海上交通の要衝として栄え、大航海時代には大型船が寄港し、植民地への航海の拠点となった［図1－3］。

図1-2　ヨーロッパ全図

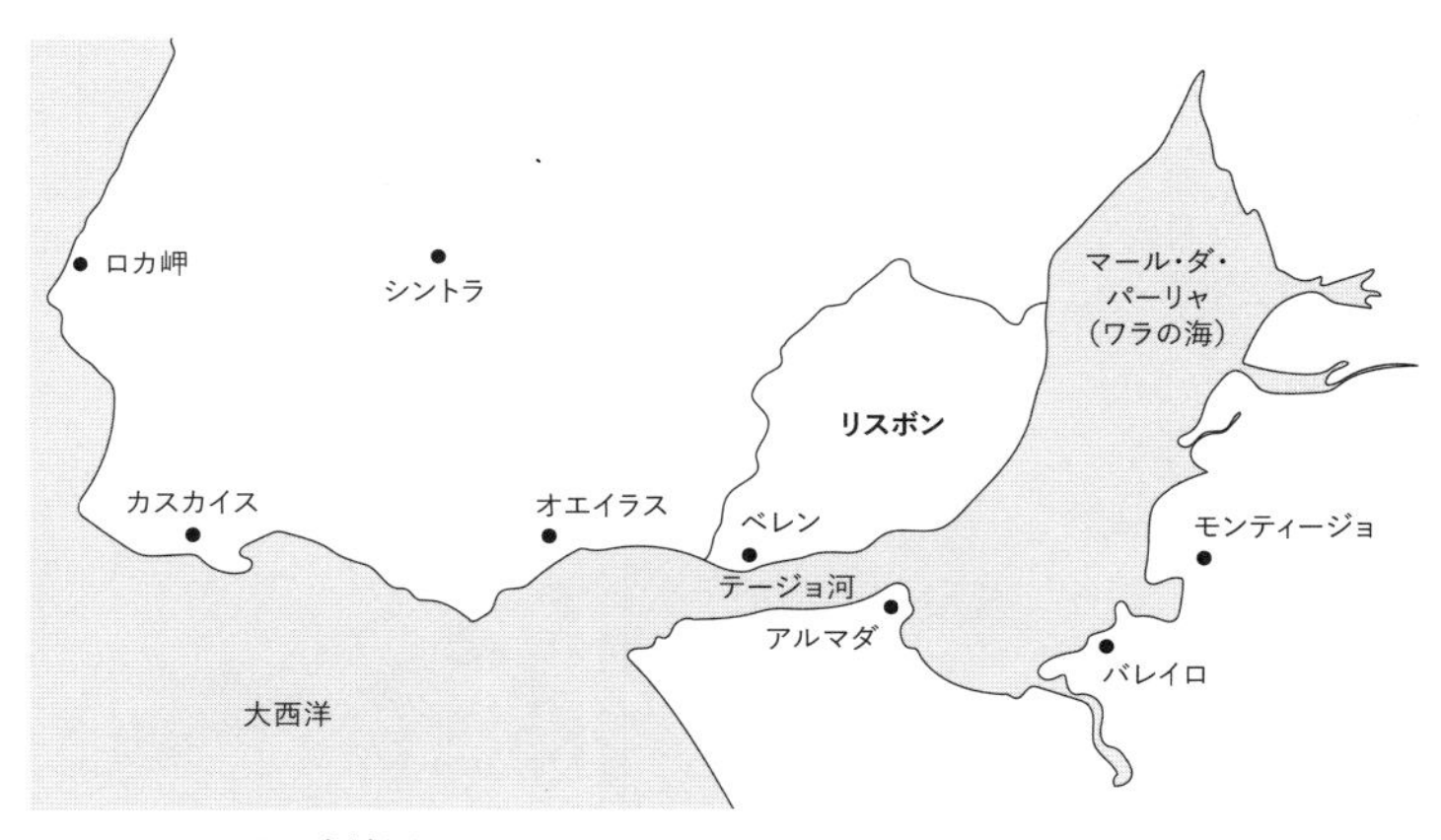

図1-3　リスボン広域図

リスボンの中心市街地は、テージョ河の港に向かって開ける谷に位置する[図1-4]。周囲はいくつもの丘によって低地と高台に分けられ、坂が多く、独特な景観を形成する。そのため、「ローマ七丘」をもじって「七つの丘の街」としばしば呼ばれている。旧市内(歴史的にリスボンと称される部分)は八四・九四平方キロメートルの規模を誇る。近代以降に開発された周囲の都市域を含めて、現在は大リスボン圏(Grande Lisboa)として扱われているが、一七五五年に地震が発生した際のリスボンは今日の旧市内のみであった。旧市内の中心部は谷となった地形の低地にあり、低地または下町を意味するバイシャ地区と呼ばれる。バイシャ地区は、面積約二三・五ヘクタール(〇・二三五平方キロメートル)の規模で、西はバイロ・アルト地区、東はアルファマ地区に挟まれ、北にはロシオ広場とフィゲイラ広場が並んである。南はテージョ河に面し、今ではコメルシオ広場(貿易広場)と呼ばれる市民広場になっているが、もともとはこの場所に宮殿(リベイラ宮殿)があったためテレイロ・ド・パソ(王宮広場)と称されており、昨今でもこう呼ばれることもある。テージョ河に面したコメルシオ広場は、大航海時代の港湾広場でもあり、ポルトガルの繁栄の拠点と

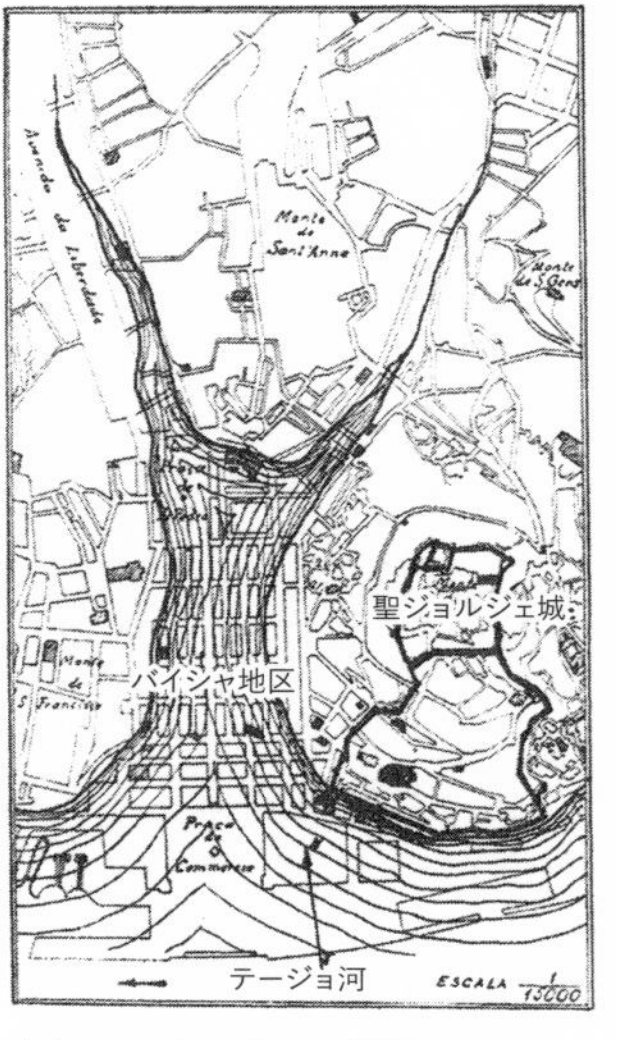

図1-4　リスボンの地勢

なった地であるが、地震の際、もっとも甚大な津波被害がもたらされた場所でもあった。

4　地震の広がり

一七五五年リスボン地震では、リスボン市内で多数の人びとが犠牲になったため、市内の被害に目が行きがちであるが、市内の具体的な被害に関しては次章で述べることとし、まずは広域の地震被害について検討していきたい。

震源地を考えると、ポルトガルの南部ならびに西側の大西洋側地域のほうが、地震の被害が著しかったに違いない。しかし、当時はまだ、地震の観測などは行われておらず、人びとが地震について残した記録をたどるのが精いっぱいである。ただし、これらの記録をみる限りでも、地震の被害にはかなりの地域差があることがわかる。たとえば、リスボンからテージョ河を河下にわずか六キロメートルしか離れていないベレンでは、リスボン市内に比べて地震による被害も津波による被害も大幅に少なかったことがわかっている。同様に、北西に約四〇キロメートル離れたマフラでも被害はあったものの、ジョアン五世(在位一七〇六～五〇)が建てた修道院併設の離宮(マフラ宮殿、一七一七～五五建設)は、修理が可能な程度の被害にとどまっている。

他方、テージョ河の河口の外海に面するカスカイスでは、教会堂や橋脚が全滅し、リスボンの西方約二八キロメートルにあるシントラでも、王室の離宮などが廃墟と化すほどの大きな揺れがあったという。これらの地域は、震源に近かったために伝達した地震力が強く、揺れも大きかったものと想像できる。一方で、大西洋に面したポルトガル西部はというと、中部の主要都市であるコインブラでは、建物の被害は報告されているものの、死傷者はいなかった。また、北部都市のポルトでは、六〜一〇分の揺れが続き、一部の建物にヒビが入るとともに、死傷者もあったものの、その被害はリスボンの被害とは比べものにならなかったという[13]。

　このように、リスボン地震の揺れは広域に及んだが揺れの粗密には差があったことが、文献史料からわかっている。近年、リスボン地震の震度をシミュレーションする学術研究がさかんに行われている[図1-5]。これらから明らかとなるのは、リスボンの南側の大西

図1-5　イベリア半島の震度分布

洋側の地域で大きな震度であったが、ほかの地域ではそれほど大きな揺れはなかった。しかも、内陸に向かうにしたがって、震度は小さくなっている。また、一般論として、ポルトガル北部の被害は少なく、被害は南部に集中していた。すなわち、アルガルヴェ地方の地震は、リスボンよりずっと大きかったことがわかる。それに関しては不明な点が多いものの、少しずつではあるが実態が解明されつつある。[14] それらをまとめると、もっとも大きな揺れがあったのはファロの周辺であり、ファロの教会や住宅はことごとく倒壊した。また、周囲のサグレスやラゴスに加え、モーロ人によって建設されたシルヴェスなども、大きな被害を受けている［図1－6］。

当然、国境を西に越えたスペイン南部にも地震の影響は及んだ。比較的海岸に近いアンダルシア地方の都セヴィリアは、スペインのなかでもっとも被害が著し

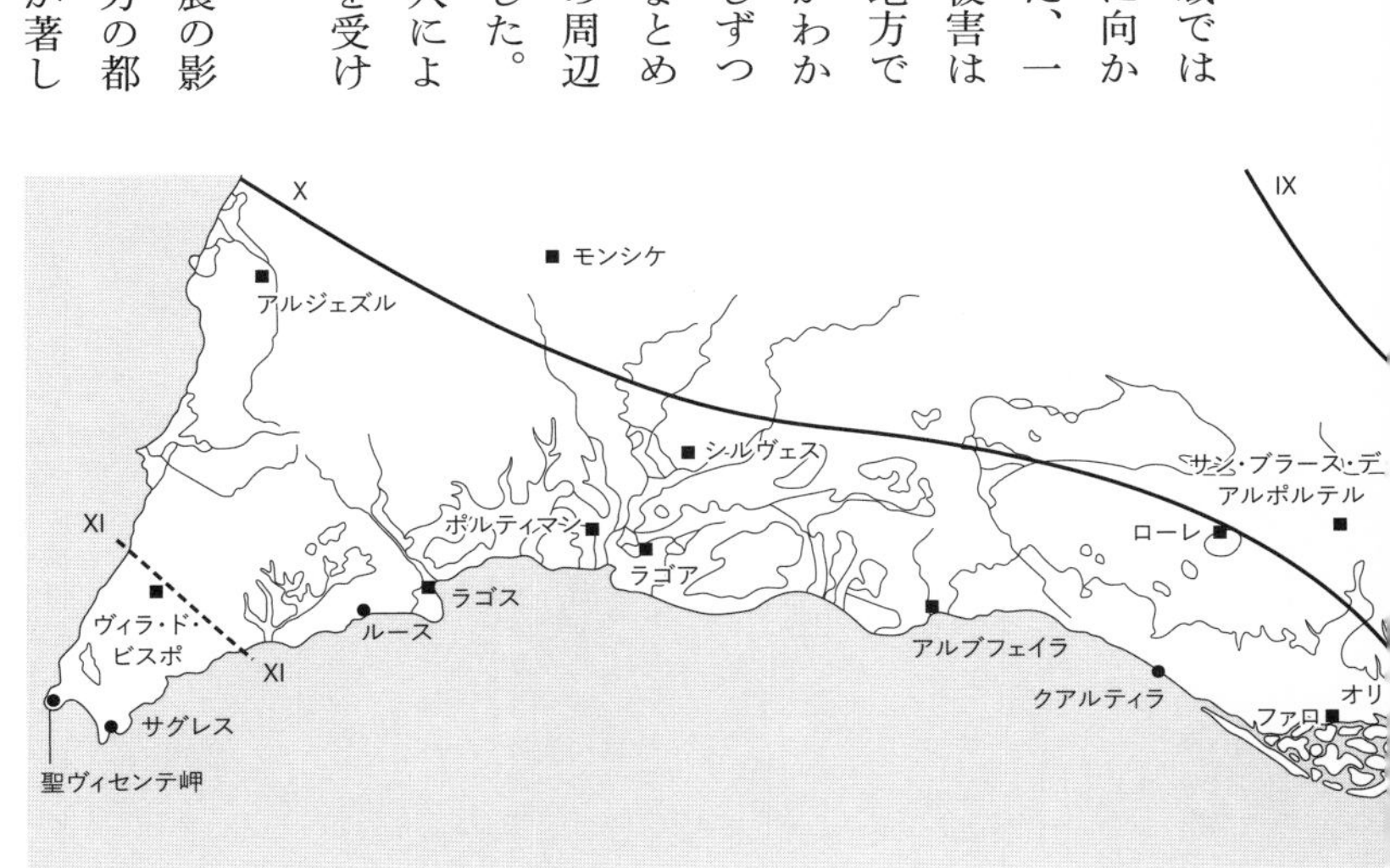

図1-6　アルガルヴェ地方の震度分布

かった。市内の六パーセントの建物が倒壊したほか、ほとんどの建物がなんらかの被害を受けたという。セヴィリアより内陸に入ったコルドバでは、大聖堂（カテドラル）の塔が崩れたほか、二五〇棟の建物が倒壊した。さらに内陸に入ったイベリア半島中央部のマドリッドにも、一〇時一〇分頃に地震が達している。大きな揺れであったことは確かであるが、建物の被害はさほど顕著ではなかった。しかし、二人の少年が倒壊した建物から落ちてきた石材によって死亡したことが記録に残っている。スペインでは、首相のリカルド・ウォール（一六九四～一七七七）の進言により、国王のフェルナンド六世（在位一七四六～五九）は国内の情勢を把握するために、一一月八日付で地方自治体に対して被災調査の実施を指示した。これは後述するポンバル侯による被災調査と並び、地震学研究の第一歩と位置づけられる。この調査によって、スペイン全土で六一人が犠牲となったことが明らかになった（津波による死者は除く）。死傷者のほとんどは崩壊した建造物の下敷きになった被害で、ほかの原因としては地震後のパニックによるものがあげられている。また、地震による損失額の合計は、スペイン王国の年間支出の五分の一にあたる規模であったと推定されている。[15]

他方、震源地から大西洋を南に下ったアフリカ大陸の大西洋側の地域、すなわちマグレブ諸国でも、相当の数の建物が倒壊し、何千人といった犠牲者をだすとともに、巨大な津波が来襲した。マグレブ諸国の被害に関しては、これまであまり研究がなされておらず、不明な点が多かったが、近年の研究によって、さまざまなことが明らかになってきた。[16] 被害のほとんどは海岸線であったが、内陸部でも岩が滑り落ち、地面から砂が吹き上がる現象があったという。一説によると、「フェズの近郊で、途方もない大きな山の真ん中が開き、そこから血のような赤い水が流れて川となった。そして、五〇〇〇人もの人びとが家畜とともに飲み込まれるとともに、六〇〇〇人もの野営する騎馬民族も突然消えた。そして、次の日には、消えた村の犠牲となった人びとも家畜の数もわからないどころか、村の位置さえわからなくなった」という。とても真に受けることができない話であるが、内陸部でも驚異的な異変が起こっていたことは事実であろう。〔17〕

5　津波の発生

地震が発生した地域では、これまで経験したことがないような揺れによって、ほんのちょっと前まであたりまえであった平和な日常が、一瞬のうちに失われた。瓦礫（がれき）と化した周囲の風景を呆然として眺めていると、追い打ちをかけるように、もうひとつの試練が迫った。それが津波であった。リスボン地震は、津波と関連づけて語られることが多い。それは、リスボン市内で地震に遭遇した人たちの記録に、津波のことが必ず書かれているからである。しかし、津波はリスボンに限った現象ではなかった。ポルトガルは海に依存した産業が主流であり、航海の拠点としての港町以外にも漁業を生業とする漁村も多く、こういった集落の多くが、甚大な被害を受けた。

津波といえば、日本人にとっては、二〇一一年三月一一日に発生した東日本大震災を思い出さざるを得ない。また、インド洋沿岸の広い地域に被害を及ぼした二〇〇四年一二月二六日のスマトラ島沖地震による津波も悲惨な出来事として、心を痛めたことであろう。この二つの津波に関しては、映像記録も多数残り、多くの人が津波の恐ろしさを実感させられた。まだ津波のメカニズムも解明されていなかった一八世紀半ばの人びとの目には、津波はどのように映ったのだろうか。多くの人びとは、これまで経験したことのない自然現象に絶句するほど驚き、地獄の到来と感じられるほどショッキングなことであったに違いない。

この地震によって発生した津波は、リスボンというより、むしろポルトガル南部地方の海岸線で猛威を振るった。特に、アルガルヴェ地方には、巨大な津波が到来した。この地方では少なくとも五〇〇人近くの犠牲者をだしたといわれている[18]。ラゴスの市内、ヴィラ・ノヴァとアルブフェイラの集落、聖ヴィセンテの町と教区と海岸線は、すべてが津波によって壊滅状態に陥った。ラゴスのみでも九五人が津波で亡くなったとされ、海岸線で囲まれたアルブフェイラでは、海岸に避難した人びとが海に飲み込まれたといわれている。またアルヴォルでは、海面が四〇フィート(一二・二メートル)上昇し、海抜三三フィート(一〇メートル)にある教会堂では九フィート(二・七メートル)の高さまで津波が達した[19]。リスボンにおける津波の犠牲者に関しては、正確な数字が明らかになっているわけではないが、人口密度が低いアルガルヴェ地方で約五〇〇人が犠牲となったということは、リスボンにおける津波

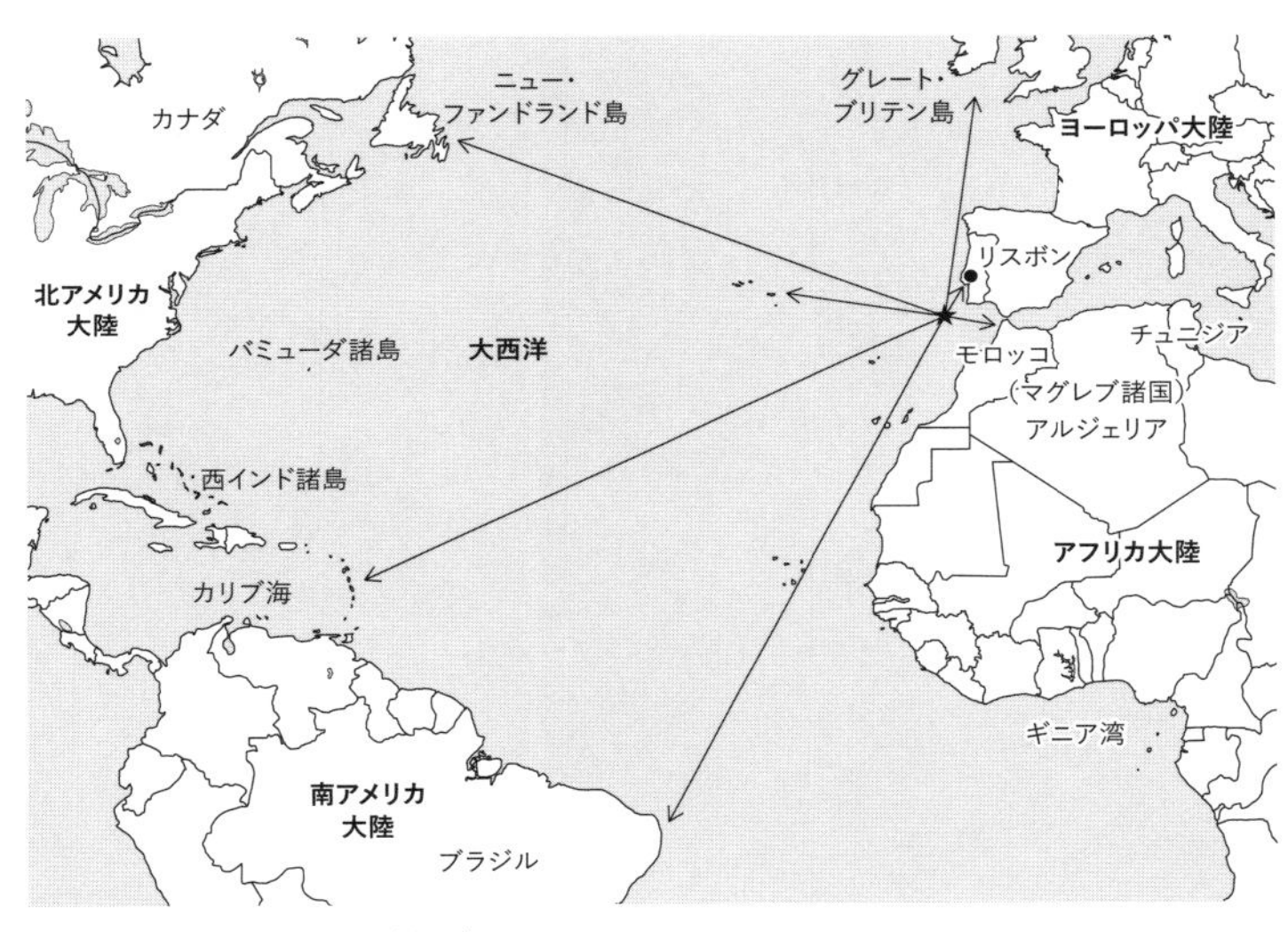

図1-7　津波の到達範囲（広域）

の被害は比べられないほどの規模であったに違いない。これほど、甚大な被害は生じなかったものの、津波はイベリア半島ばかりでなく、南は大西洋を挟んだ北アフリカのマグレブ諸国、北は南イングランドやアイルランドまで達したことがわかっている[20]［図1-7］。

第2章　リスボン市内

1　天変地異

一七五五年秋のリスボンは、比較的温暖な日が続いており、一一月一日も例外ではなく、雲ひとつない快晴であった。だが、一瞬のうちに状況は変化した。聖ヴィセンテ岬沖で発生した巨大地震が、リスボンに来襲したのである。ポルトガルは地震国であるとはいえ、リスボン市民の誰もこれほど大きな地震は経験したことがなく、予想もしていなかった。そのため、地震直後にどうしたらよいのかがわからず、それどころか、市民のほとんどは自分の周りで起こったことを理解することができず、大地が割れる音に、この世の終わりかと恐れおののいた。まさにパニック状態であった。

突然、大地が揺れ始め、震動が地底から地表へ突き上げてきた。そして、衝撃を増しながら、北から南へと揺れが続いた。市内の建造物には、瞬く間にヒビが生じ、数分もしないうちに、倒壊しだした。振動が収まったかと思うとすぐに第二の揺れが始まった。この震動は七～八分間続き、間をおいて、さらに二度の地震が起こった。遠くから怒濤のごとく雷鳴が押し寄せてきて、建造物の倒壊による粉塵によって、濃い霧が生じ、太陽の光が遮られ、暗黒の世となった。あちらこちらで、火の手が上がった。[1]

これは、地震の三年後に刊行されたジョキアム・ジョセフ・モレイラ・デ・メンドンサ（以下、メンドンサ）による『世界地震通史』（一七五八）〔図2-1〕の一節である。『世界地震通史』とは、正式名称を『万物の創造から次の世紀に至る世界地震通史――特にリスボン、ポルトガル全土、アルガルヴェ、およびヨーロッパ、アフリカ、アメリカの多数の地域を震撼した一七五五年一一月の地震に関する個別の記録、ならびに地震の原因、結果、差異、予測に関する自然学的論究[2]』といい、リスボン地震について、被災者の立場から細かく綴っている。原書は全二七二ページ、六〇〇項からなり、全体は三部に分かれる。第一部では、世界における地震の歴史が述べられ、第二部ではリスボン地震の被害を中心にこと細かく調査結果がまとめられ、第三部では地震に関する当時の学説などに関して記されており、リスボン地震について知ることができる貴重な当時の史料である。

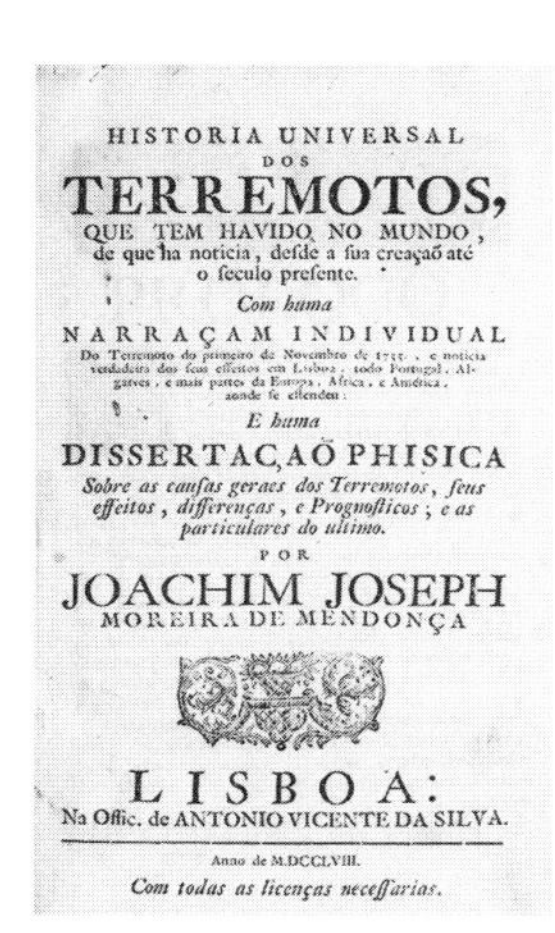

HISTORIA UNIVERSAL
DOS
TERREMOTOS,
QUE TEM HAVIDO NO MUNDO,
de que ha noticia, desde a sua creaçaõ até
o seculo presente.
Com huma
NARRAÇAM INDIVIDUAL
Do Terremoto do primeiro de Novembro de 1755, e noticia verdadeira dos seus effeitos em Lisboa, todo Portugal, Algarves, e mais partes da Europa, Africa, e America, aonde se estendeu:
E huma
DISSERTAÇAÕ PHISICA
Sobre as causas geraes dos Terremotos, seus effeitos, differenças, e Prognosticos; e as particulares do ultimo.
POR
JOACHIM JOSEPH
MOREIRA DE MENDONÇA
LISBOA:
Na Offic. de ANTONIO VICENTE DA SILVA.
Anno de M.DCCLVIII.
Com todas as licenças necessarias.

図2-1　『世界地震通史』の表紙

　一八世紀半ばには出版文化はかなり進展しており、リスボン地震を伝える同時代のさまざまなタイプの出版物が刊行されている[3]。たとえば、アントニオ・ペレイラ神父（一七二五～九七）による『リスボンの地震と火災の回想録[4]』（一七五六）や、マヌエル・ポータル神父による『途方もない地震と火災によってもっとも偉大ですばらしい地域を損なわせ、灰と粉塵となったこの不幸な都市リスボンの崩壊の歴史』（一七五六、以下、『リスボンの崩壊の歴史』）などは、よく引用される信憑性が高い記録である。それ以外にも当時の文献のなかには、地震の被害について記した新聞や小冊子、地震の原因などについての論考、人びとの不安に応じた予言、宗教的な説教、詩歌などが多数あり、これら文献史料を紐解くことにより、当時の市内の被害状況や社会に対する影響が明らかになる。また、当時のリスボンには、多数の外国人が居留しており、駐在していた各国の大使をはじめとする外国人らが母国に宛てて書いた書簡も多数残っている。[6] これらのなかで、特に有名なのが王妃マリアナ・ヴィトーリア（一七一八～八一）の手紙である。これは、国王ジョゼ一世の勧めで、王妃の母国であるスペインの王室の母エリザベッタ・ファルネーゼ（一六九二～一七六六）にポルトガル王室一族の無事を伝えようとしたもので、地震直後の一一月四日に書かれたものであった。この手紙で、王室全員の無事を報告するとともに、当時の自分たちの状況や首都リスボンの惨状、地震によってスペイン大使のペレラーダ伯爵が犠牲になったことを伝えた。[7]

これらの記録や現存する史料からリスボンの状況を整理すると、次のようになる。リスボン市内への地震動の最初の到来は午前九時四〇分頃で、突然、市内の広い範囲で大地が大きく揺れた。そして、この揺れが数分間続き、その後、一分ぐらいして第二の揺れが訪れた。[8] その揺れも二～三分続いた。最初の強烈な震動によって建物の壁には瞬く間にヒビが入り、もともと構造的欠陥があった脆弱な壁はすぐに崩れ落ち、比較的強靭であった壁も、続く振動で倒壊にいたるものが多かった。さらに一分くらい間をあけて、第三の揺れが起こった。今度は三〜四分間ぐらい揺れが継続した。そして、この揺れの連続で、それまでかろうじて地震力による破壊を耐えていた家屋のほとんどが倒壊にいたった。最初、地震による被害は建物の外壁の剝落およびその落下が中心であったが、続いて起こった揺れによって構造体にまで影響を及ぼすことになった。[9] 地震は合計で約一〇分間続いた。もっと長かったという記録や、もう少し短かったという記録もあるが、[10] 当時は正確な計測器などがあったわけではなく、この程度の間、揺れが続いたと考えられる。これがリスボン地震の第一波であった［図2-2］。

2　被害の三重奏

地震による最初の被害は、建物の構造上の問題として現れた。突然の大地の揺れは、地割れを誘発し、[11] 多くの建物がそのままの状況を保つことはできないくらい強烈であった。多くの建物では、第一の揺れで壁にヒビが入り、続く振動でそのヒビが広がり、外壁の一部が落下した。室内でも同様の被害が生じるとともに、家じゅうに家具が散乱した。なかには、揺れによって倒壊にいたる建物もあったが、地震動のみで倒壊した建物はさほど多くはなかった。住宅の多くは木造であったため、倒壊にいたるものは少なかったが、石造やレンガ造といった組積造建築には倒壊にいたるものもあった。特

図2-2　地震の様子（作者不詳、18世紀）

に、万聖節の準備をすすめていた教会堂では、石造のヴォールト天井が崩れ落ち、その下にいた聖職者や信徒たちの上に石の塊が降り落ちてきて、甚大な被害につながった。

被害は、地震動による建物の倒壊ばかりではなかった。建物の室内では、万聖節を祝って灯された祭壇のキャンドルや明かり採りのランプなどがひっくり返ることによって、周囲の可燃物に火がつき、あちらこちらで火災が起こった。いわゆる地震火災の発生である。一九二三（大正一二）年に起こった関東大震災などでも同様であるが、地震が発生した際、それによって引き起こされる火災（地震火災）の被害のほうが大きくなることはよくある。リスボン地震でも、揺れによる建物倒壊よりも地震火災のほうが深刻であった。このことは、王妃マリアナの手紙をはじめとする当時の文献史料からも明らかである。

リスボン地震の場合、これに津波の被害が加わった。震源が海底で、断層のズレで海底面が隆起したため、津波を誘発した。しかも大航海によって栄えたリスボンは、内海とはいえ大海と大地をつなぐ接続点にあり、テージョ河を逆流した津波が商業都市の中心部にまで簡単に達していった。悲惨なことに、地震で倒壊した建物の下敷きになって動けなくなった人びとや、火災が猛威を振るい逃げ場を失って港に押し寄せた群衆を津波は襲った。

まさに、地震、火災、津波の三重の災いがリスボンに到来したのであった。この一連の惨事によって、リスボン市内の十分の一の家屋が倒壊し、三分の二の家屋が住める状況ではなく、残りの家屋もかろうじて居住は可能であったが、大規模な修理を必要とする状態に陥った。[12]

大規模な地震の場合、余震はつきものである。リスボン地震の場合も例外ではなく、しばらくの間、余震は続いた。余震によって市内の建物の崩壊がすすんだが、それよりも市民に恐怖の念をますます積もらせることとなった。

3　リスボンの都市形成の過程

地震の被害が拡大したことには、ほかの要因も影響していた。そのもっとも大きなファクターは、リスボンの都市形成の過程にあった。もちろん、個々の建物の構造的な欠陥が原因していたことに間違いないが、まずは都市構造のもつ問題点を都市防災の観点から整理することから始めたい。

震災前のリスボンの都市構成［図2-3］は、中世以来、積み重ねてつくられてきた結果であった。もっとも古い部分は、西ゴート王国を滅ぼし、イベリア半島を支配したモーロ人（Moro：ムーア人）たちが、七一四年にリスボンを征服した際にイスラム風に建設し直した地区である。ここはモーロ人たちがつくった市壁に囲まれたエリア（モーロ地区）で、現在の市街地の東側にあたる。市域の拡大や地震後の再開発によって、当時のまちなみは失われてしまったが、バイシャ地区の東側にあるアルファマ地区が、現在でもかつての名残をとどめる数少ない地区で、地名などにアラビア語が残っている。その後、レコンキスタ（失地回復）の一環として、ポルトガル王国の初代国王を宣言したアフォンソ一世（在位一一三九～八五）が、一一四七年にリスボンに攻め入り、城郭を陥落させるとともに、そこを新都市として再建した。とはいっても、イスラム教のメスキータ（モスク）をキリスト教の教会堂にコンヴァージョン（用途変更）する程度の改変であり、基本的構成には大きな変化はなかった。つまり、地震発生時のリスボンは中世のままの構成をとっていた[13]。

ポルトガルの中世都市に関しては研究がすすんでおり、一般に、イスラム型、ローマ型、折衷型、新興型の四つに分類される。モーロ地区を原型とするリスボンは、そのうちのイスラム型の典型とされている[14]。イスラム型の都市の場合、都市を海沿いに建設し、海岸から山頂にかけて市壁で囲み、一番高い位置に城郭を構え、山の手を上層階級の住宅地とし、下町を庶民の住宅地とするのが一般的である。リスボンの場合、アルファマ地区の一番高い位置に聖ジョルジェ城という城郭を設け、その麓に民族ごとに住宅地を配置する構成をとっていた。

その後、一二五五年には、コインブラに代わってリスボンがポルトガル王国の首都となり、同時にレコンキスタの完了によって平和な時代が訪れる。これによってポルトガル王国は、イスラム教徒との覇権の争いから海外貿易へと力点を移すことになった。さらに、ヨーロッパや地中海との貿易の拡大によって、リスボンの重要性が高まり、人口が集中した。そして、本来、平屋が中心であった町屋の建物は多層化され、人口密度も高まっていった。にもかかわらず、道路の拡幅などのインフラ整備は行われなかったため、細い路地に多層建築が平屋とほとんど変わらぬ建て方で建ち並ぶ状況であった。

急激な人口集中により市域の拡大を余儀なくされ、市街地はテージョ河に沿って東西に広がっていく。その際、モーロ地区の市壁、すなわちムーア人たちが築いた市壁の外に、新たな市壁が建設された。それを実行したのは、フェルナンド一世（在位一三六七〜八三）で、フェルナンドは一三七三年から七五年にかけて市壁の拡張工事を実施し、市壁内の面積は、約六・五倍の一〇一・六三ヘクタールとなった。その後もリスボンは成長を続け、中世末の段階で、市内の教区数は二三教区、そのうち、モーロ地区に七教区、東部地区に八教区、西部地区に八教区あったという。この段階では、市内にはユダヤ教徒とイスラム教徒の居住区もあったが、一四九七年にマヌエル一世（在位一四九五〜一五二一）

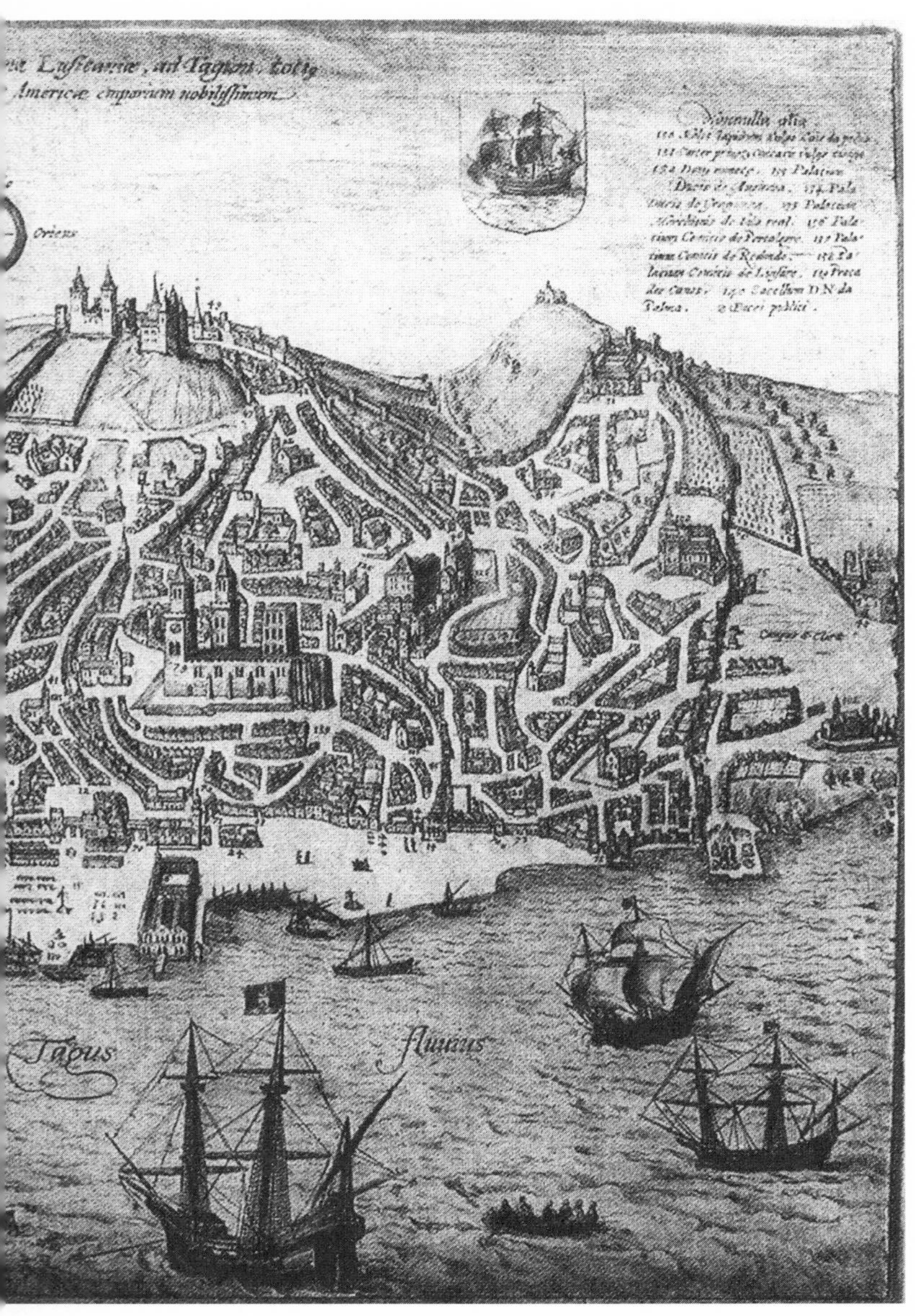

図2-3　地震前のリスボンの鳥瞰図（1593年頃）

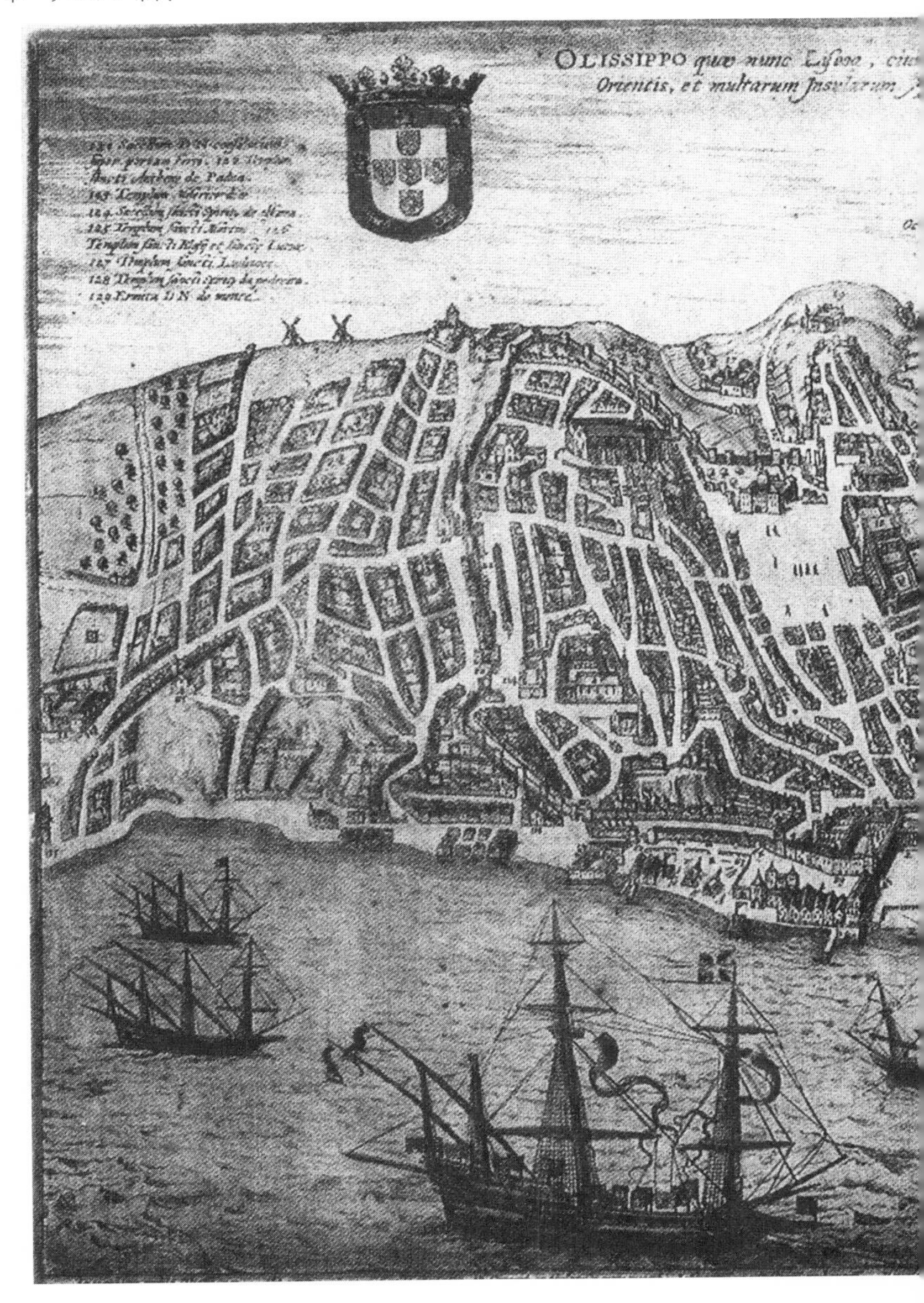
OLISSIPPO quæ nunc
Orientis, et multarum

によって、強制的に全市民のキリスト教徒への改宗が実施され、ユダヤ教徒とイスラム教徒の居住区は消滅した[15]。その後、大航海時代の華々しいポルトガルの栄耀の時代が訪れる。リスボンには富が集中し、都市建築も新しく建設されるようになった。そのとき新たな建築が建てられたのがテージョ河沿いの低地であり、リベイラ宮殿（一五〇〇〜〇五年建設）が建設されるとともに、王宮広場が整備され、さまざまな公共建築も建てられていった。それと同時に、まちの中心は低地のバイシャ地区に移っていった。

こうして、地震直前のリスボンは、王宮広場からロシオ広場までの低地に

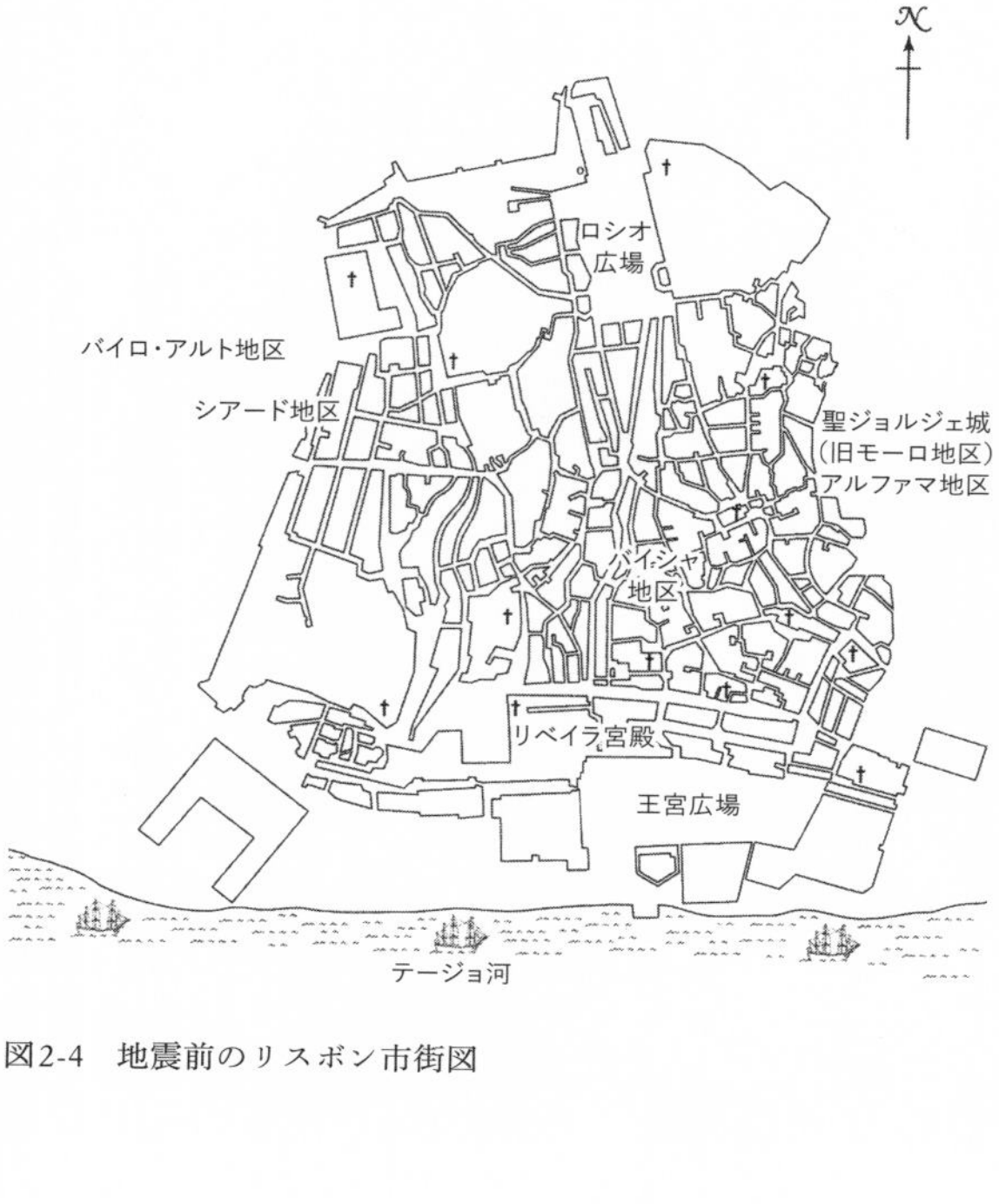

図2-4　地震前のリスボン市街図

広がる中心地のバイシャ地区、その東側のモーロ地区の名残をとどめる岩盤の上にあるアルファマ地区、さらに岩盤の丘の上に建つ聖ジョルジェ城、バイシャ地区の西側の高台で中世的構成を残すバイロ・アルト地区とその中間のシアード地区といった異なる特徴的な地区から成立していた。このうち、テージョ河に近い低地は庶民が住む民家や商店で占められ、高台には高貴な人びとが小さな宮殿のような邸宅に住んでいた[16]［図2-4］。

このように、震災直前のリスボンは計画的に建設された都市ではなく、中世以来の既存都市に、空間をみつけて建物が建てられていくという形成過程をたどったため、地震直前のリスボンは、広場がなく、通りは不規則で狭く、不潔で暗くて、悪臭を放ち、建物は不統一な都市といってもよい状況であった[17]。こうした中世的都市構成が、個々の建物の倒壊につながり、避難が困難な状況をつくりだした。また、それぞれの地区特性が、リスボン地震の被害の差にもつながっていった。

4　地震による建物の被害

わが国で一般的な木造軸組構造の建物と比較して、ヨーロッパで主流の石やレンガを積み上げる形式の組積造建築は、地震の揺れに対して脆弱である。そのため、組積造建築が主流の地域で地震が起こると、建物の被害は大きくなるのが普通である。それはリスボン地震の際も例外ではなかった。リスボンの場合、近郊では良質の木材が十分に採取できなかったため、地元でとれる粘土や石灰岩を材料として一般の建築が建設された。すなわち市内の住宅建築のほとんどは、粘土からつくられるレンガでできているか、小石を石灰で固める構法（ある種のコンクリート造）でつくられたものであった。そのため、多層建築は発展せず、平屋かせいぜい二階建ての建築が中心であり、一部三階建ての建物もあったが、三階建ての建物の多くは増築によるものであった。[18] これらの住宅建築は、突然の地震動に耐えることができず、その多くは甚大な被害を受けた。しかも人口密度は高く、建物は密集して建てられていたため、倒壊した建設資材によって道路はふさがれ、避難すらできない状況に陥った。

ただし、最初の揺れですぐに倒壊したのは、管理状況が甚だしく悪い建物ばかりであり、多くの建物では外壁に被害が生じる程度であったと考えられている。そう断言できるのは、室内にいた人は助かったという記録がいくつも残ることと、犠牲者の多くは突然の揺れに驚き、慌てて外に飛び出し、落下してきた外壁の下敷きになって亡くなった例がほとんどであったからである。

一方で、教会堂建築は、石造とされるのが一般的であった。地元で石材がとれない場合でも、遠方から石材を運んできて、石造の教会建築を建てるのはめずらしいことではなかった。中世以降、リスボンでは、ほかのヨーロッパ諸国と同様に、教会堂建築はゴシック、ルネサンス、バロックといったヨーロッパの建築様式で建てられていた。これらの建築は、外部や室内からみえる部分はすべて石造のほうがよいと考えられ、小屋組以外の部分、すなわち壁、天井、床は基本的に石でつくられた。石造建築をはじめとする組積造建築は、基本的に垂直力のみを想定した構造であり、地震力のように、建物に働く水平力に対しては、なんら考慮されておらず、根本的に耐えることはできない。さらに悪いことに、教会堂の場合、身廊（ネイヴ）の天井を石造のヴォールトとするのが格上の建築とみなされていたため、立派で大規模な教会堂のほとんどすべてが、石造ヴォールト天井でおおわれていた。ヴォールト天井は、小さな石材をアーチ状に積んでいき、垂直力を水平力に変換し、壁または補強材であるバットレスやフライング・バットレスによって水平力（推力）を支えることで成立する。しかし、地震によって、これらに水平方向の余分な力がかかることでバランスが崩れ、それによって構造原理が一気に崩れ、ヴォールトの一部に亀裂が生じ、しまいにはヴォールトに用いられている石材が落下して崩壊してしまう。こういった崩壊の過程がいたるところで起こり、教会堂にいた人びとの多くが犠牲となった。カトリック都市のリスボンには、ほかの地域と比べものにならないほど教会堂が多くあったといい、それらの教会堂はほぼ全滅に近い状況であった。

建造物のもうひとつの被害の特徴として、同じ市内でも、地区によって被害状況が異なっていた点があげられる。もっとも地震被害が大きかったのは、フェルナンド一世による都市の拡大以降、中心市街地となったバイシャ地区であった。その原因として考えられるのは、バイシャ地区はテージョ河に沿ってできた二つの丘に挟まれた低地の堆積地であり、地盤としての安定性を欠いていたことである。他方、バイシャ地区の東西のアルファマ地区とバイロ・アルト地区は土地が隆起してできた丘の上にあり、地山からなる高台は、地盤としては良好であった。地震が発生した場合、上物の建物の被害は地盤特性に左右されることはよく知られたことである。この地盤特性が大きく影響し、バイシャ地区の被害が著しかったのに対し、丘の上の二地区の建物の被害はさほどひどくはなかったと考えられる[19][図2-5]。

5 津波の到来とその被害

ふたたび、地震発生時に話を戻そう。大きな揺れが静まると、大気はよどみ、薄暗くなってきたという。生存者の記録によれば、周りを見渡すと、多数の人が瓦礫の下敷きとなり、そのなかにはすでに絶命していた者もいれば、瓦礫で動けなくなり、助けを乞う悲鳴をあげている者もいたという。そんななか、港でも不思議な現象が起こった。それは、それまでみたことがないような光景であった。最初、海水が勢いよく沖に向かって引いてゆき、目の前に海底が現れ、海に沈んでいた貨物や難破船がみえたかと思うと、やがて海水は高波となって戻ってきた。ちょうど、最後の地震による揺れが収まってから三〇分程度が経った一〇時二五分のことであった。高波は三度にわたり、四・五〜六メートルの高さでリスボンの市街地に向かってきたとされる。王宮広場が波でおおわれ、行き場を失い、広場へと逃げてきた負傷した人びとをのみ込んだとされる[20]。

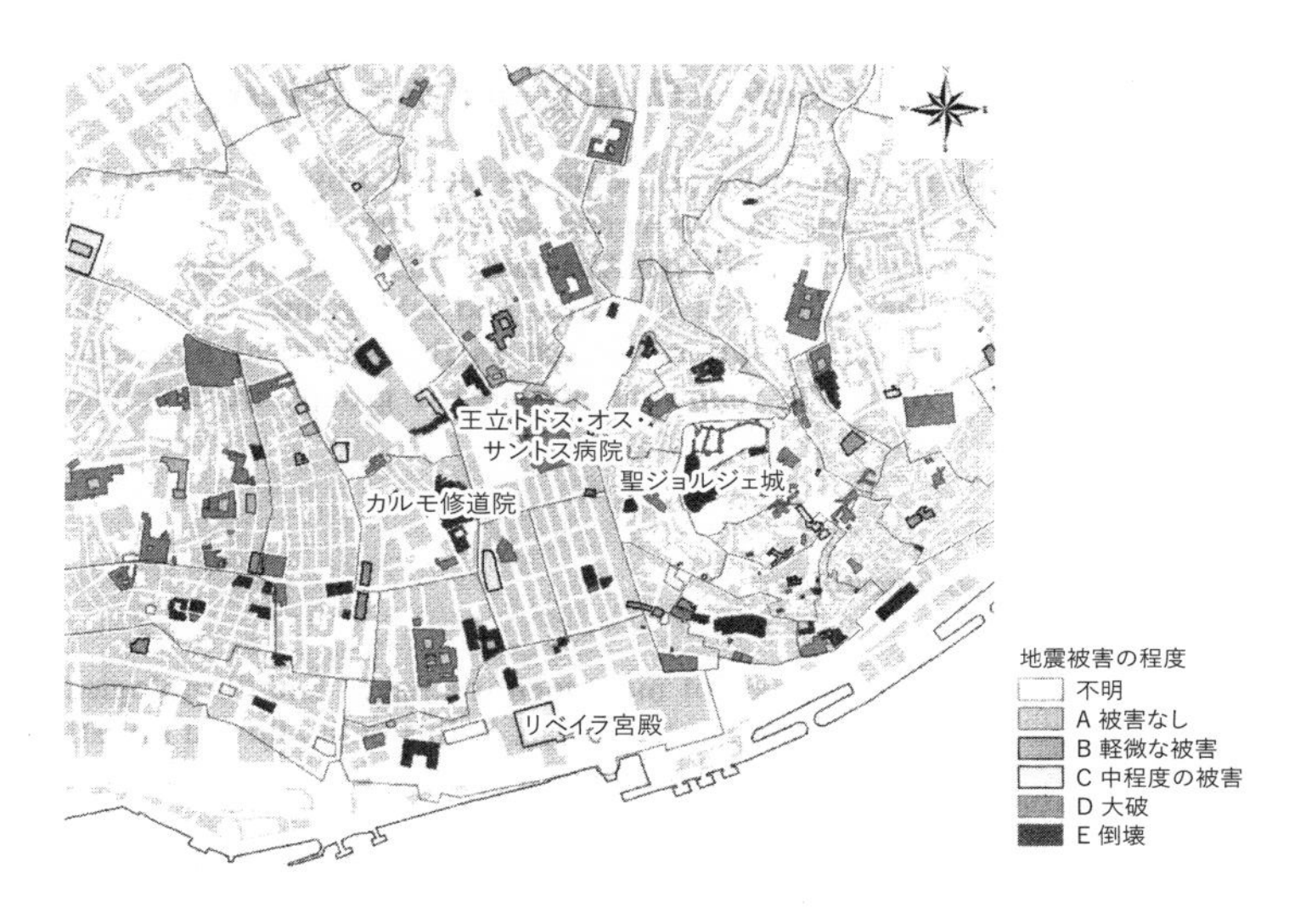

図2-5　中心市街地のモニュメントの地震被害の程度

津波は、王宮広場を越えて、さらに市街地を襲っていった［図2-6］。当時の記録では、約五エスタディオス（estadios）、すなわち、約一三〇〇メートルの距離まで津波が及んだとされている。[21] もしも、これが正しければ、ロシオ広場あたりまで津波は達したことになる。しかし最近、この範囲に関しては、疑問視する見方が増えてきた。たしかに、リスボン地震では、津波が被害を大きくしたことに間違いはない。また、津波によって、多くの人びとの命が失われたこともたしかである。しかし、地形から考えて、津波の被害はリスボン市内より、むしろ外海に面した近郊地域のほうが大きいはずであるが、河下のベレンでの津波被害はほとんど記録されていない。そう考えると、リスボン市内の津波は、海岸線の

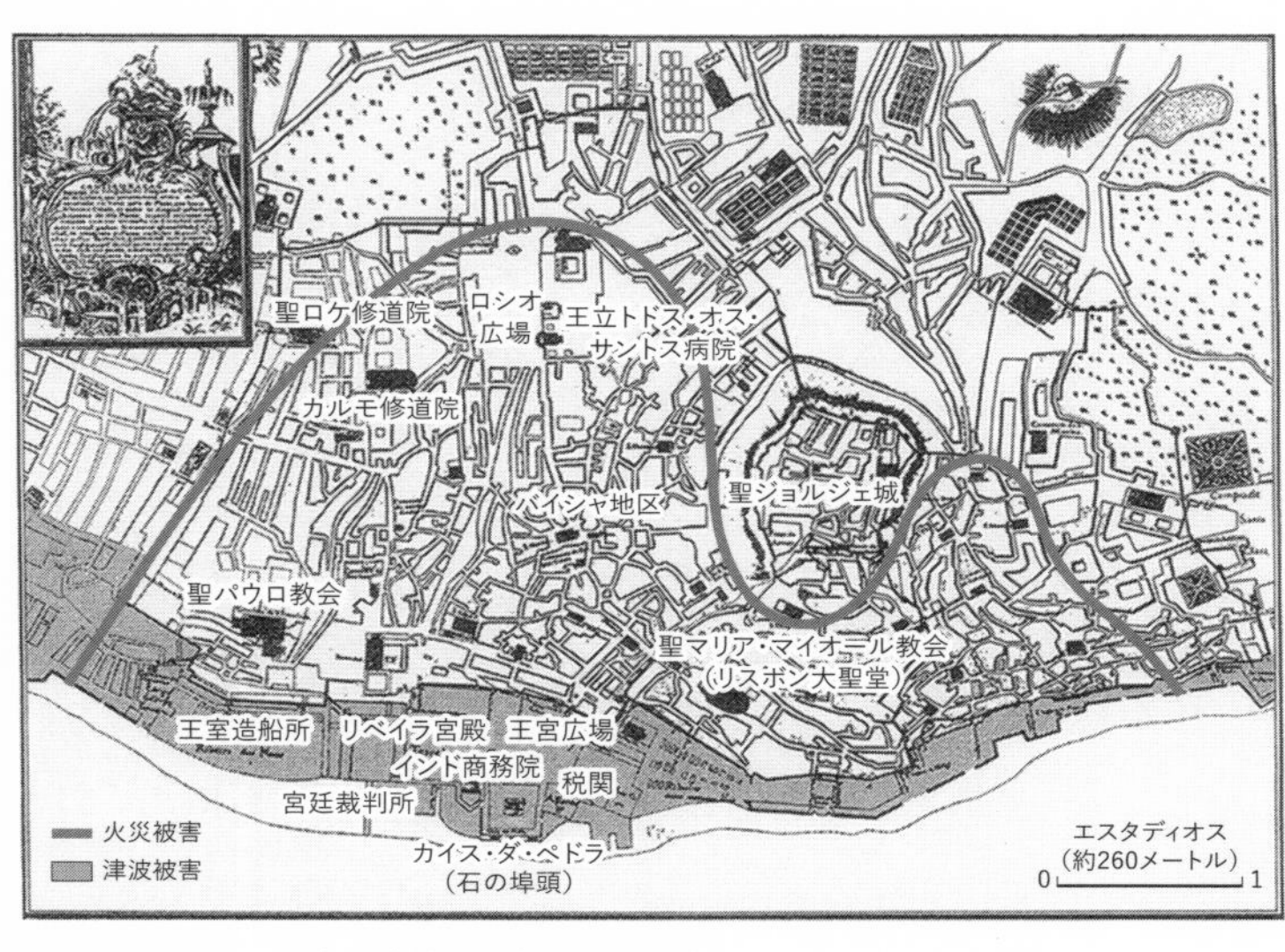

図2-6　リスボン市内の津波と火災による被害

限られた箇所では著しかったものの、ほかの場所の被害は、おもに地震による被害とその後の火災によるものだったと考えられる。当時の記録をたどっていくと、マヌエル・ポータル神父は、『リスボンの崩壊の歴史』のなかで、スペイン人生存者の証言から、津波は王宮広場の二本ほど北側の道路まであったとし、市内の被害のほとんどは津波によるものではなかったとしている。『リスボンの崩壊の歴史』の信憑性の高さを考えると、ポータル神父の記録を信じざるを得なくなる。[22] また、津波によって被害を受けた市内のモニュメントをさがしても、カイス・ダ・ペドラ（石の埠頭）以外の明確な記録はみつからないといい、津波による直接の被害は海岸線のみであったと想像できる。一方で、最近行われた津波のモデリング研究では、津波の到達距離は二五〇メートル程度であったとする結果がでており、[23] 高波が市内を襲ってきたという記録は疑ってかかる必要がありそうである。ちなみに、津波による犠牲者は九〇〇人とするものや、[24] 海岸線沿いの人口を考慮に入れて、二〇〇〇～三〇〇〇人はいたのではないかという推測もあり、[25] これが津波でさらわれるなどの直接的な原因で亡くなった人の数なのか、地震によって建物の下敷きになって亡くなっていた人の数も含むのかも不明である。いずれにせよ、今後の研究が待たれるところである。

6　地震火災の猛威

地震のあとには、火災が発生するのが一般的である。わが国の場合、木造建築のまちなみが特徴的であるので、地震が発生した場合、地震動の被害より、そのあとに発生した火災の被害のほうが大きくなる傾向がある。リスボンの場合、石造やレンガ造が多いまちなみであったので、日本のように木造の建物が建ち並ぶまちよりは、火災の延焼のおそれは少ないはずであるが、建築構造の特性だけでは延焼を防ぐことはできず、大規模な火災に成長していった。当時の照明器具は、蝋燭(ろうそく)やランプが主であり、そのそばには、ラグ(rug)やタペストリー、木製の机やイスといった家具などの可燃物がたくさんあり、危険な状況であった。当然、地震の揺れによって、これらに着火し、火災へとつながっていくのだが、特に、地震の発生が万聖節と重なったため、住宅ばかりでなく、教会堂も火元になった。最初の火の手は聖パウロ教会であがったとも[26]、ルリサル侯爵邸の火災が始まりであったともいわれている。[27]また、最初の火災はロシオ広場の聖ドミンゴ教会・修道院で、続いて王宮広場近くのボア・オラだったという記録もあるが[28]、確かなことはわかっていない。おそらく、ほぼ同時に各所で火災が発生したのであろう。ほぼ同時に一〇〇カ所で失火したとする説もある。[29]また、当時は強い北西の風が吹いていたともいわれ、火焔は成長していった。[30]そして、地震火災は地震と津波の被害に拍車をかけた。少なくとも、地震が起こった一日の夕方には、リスボン市内のほぼ全域が火に包まれ[31]、六日間とも一週間ともいわれるくらい長く燃え続けた。[32]

火災の範囲はきわめて広範にわたった[図2-6]。メンドンサによると、市街地の南西部でテージョ河沿いにある聖パウロ教会付近で発生した火災が、もっとも大規模に成長していったもので、火焔は最初、沿岸部を東へと向かい、王宮広場を襲った。ここには、王国の行政上の重要施設が集中しており、これらの施設は全滅に近い状態に陥った。火の手は、さらに勢いを増し、市街地の東に位置するアルファマ地区を駆け上り、聖ジョルジェ城へと向かった。そして、市域を舐めつくすように成長し、ロシオ広場をものみ込んでいった。さらに火焔はバイロ・アルト地区に延び、円を描くように聖パウロ教会に戻ってきた。こうして、河岸地区、アルファマ地区、ロシオ広場、バイロ・アルト地区といったリスボンでもっとも富裕で人口が集中していた地区を中心に、市街地の大半が火災によって壊滅状態に陥った。[33]

7　死傷者

地震は人口が集中する市街地を襲ったので、物的被害ばかりでなく、人的被害も甚大となった。しかも、さまざまな悪条件が重なり、犠牲者は増大した。リスボンは、イスラム都市からキリスト教都市への変換の過程にあって、計画的というよりは、場当たり的に発展してきた。そのため、市内の建造物も付け焼刃で建てられた粗悪なものも少なくなかった。地震によって最初に被害を受けたのは、こういった脆弱な構造であった市街地の建造物であり、これらが倒壊し、その下敷きになって多くの人びとが犠牲になった。また、こういった発展を遂げてきたため、市街地には建造物が密集し、狭い路地が入り組んでいた。揺れが続くなか、市民の多くは逃げるにも逃げられず、ただ室内で建物が倒壊しないことを祈るしかなかった。揺れが収まると、今度は地震火災が発生し、火の手が迫ってくるので、どこか安全な場所を探して移動するしかなかった。しかし、避難場所となる広場などはなく、人びとは逃げ場に困り、市民の多くが河川敷や港のドックなどの空き地に殺到した。さらに不幸なことに、そこに津波がやってきて犠牲者が増大した。

リスボン地震による死傷者数に関しては、さまざまな数字が言及されている。その理由として、住民の戸籍に関して正確な記録が残っていないことや、震災直後の人口の流入・流出があげられ、その数を把握することは困難である。また、物的な被害についても概要は把握できているものの、詳細に関しては不明な点が多く、死傷者数を類推する情報も少ない。犠牲者の死因などに関しても、地震時の建物の倒壊によるものなのか、その後の火災によるものなのか、それとも津波によるものなのかを解明することもできていない。それは実際に地震を体験した当時の人びとにとっても同じであった。

前述の『世界地震通史』の著者メンドンサは、正確な数値は断定しにくいとしながらも、当時の見解を整理している。それによると、地震直後の目撃者が、中心市街地のほとんどの建築が灰燼（かいじん）に帰し、無人の荒野と化した状況で、大半の住民が死亡したと語ったことから、控えめにみても三分の一から二分の一だとする見方や、七万人とする記述、一万八〇〇〇人以上とする見解、人口の一〇分の一や八分の一とする説などを紹介している。そのうえで、みずからの調査の結果として、地震当日に建物の倒壊、火災、津波などによって五〇〇〇人強が死亡し、一一月末までに五〇〇〇人の負傷者が死亡したとしている。[34] 現在では、さまざまな研究などを総合した結果、おおよそ死者一万人であったろうと推測されている。[35] そうなると、メンドンサの考察はかなり正確であったことがわかる。また、前述のマヌエル・ポータル神父も『リスボンの崩壊の歴史』のなかで、地震発生直後に一万二〇〇〇〜一万五〇〇〇人と推測しており、この二人の記録の信憑性が高いことが明白となる。地震発生時のリスボンの人口は約二〇万人と推測されているので、[36] この地震によって人口の約五パーセントが失われたことになる。もちろん、地震被害はリスボン以外にも及んでおり、その数は全体の被害の一部に過ぎなかった。

津波の被害は、リスボン以外にもポルトガル南部のアルガルヴェ地方の海岸線の都市や、スペインやアフリカのマグレブ諸国（モロッコ、アルジェリア、チュニジア）といった諸外国にまで及んだ。特に被害が大きかったのはモロッコの海岸線で、津波によって一万人以上の犠牲者があったという。[37] 後述するが、ポンバル侯は地震後に、各教区の司祭に対し、地震に関する調査を実施しており、その際、被災者についても質問項目に入っていた。残念ながら、現在ではその調査結果に関しては不明であるが、少なくとも当時の政府は、被災者数を把握していたものと考えられる。

上述の通り、リスボン地震の犠牲者の総数に関しては不明な点が多いものの、具体的な犠牲者に関しては、さまざまな記録がある。リスボン地震では、身分や職業、裕福さなどと関係なく、多数の住人が犠牲となったが、このなかで駐在の大使など政府の要人や外国人商人などの被害に関しては、かなり実態が把握されているといってよい。というのは、外国人の多くは、本国に対し、安否を伝える書簡などを送付しており、これらの多くが残っているためである。このなかでもっとも有名なのが、前述したペレラーダ伯爵の惨事であろう。当時、友好関係にあったスペインの駐在ポルトガル大使であったペレラーダ伯爵は、最初の地震時に、邸宅を飛び出し、上から落ちてきた瓦礫に埋もれて亡くなった。このことは、しばしば不幸な例として引用されている。[38] ほかの被災した貴族に関しても、比較的正確に把握されている。

残されたさまざまな史料からわかるのは、犠牲になった貴族の数はさほど多くなかったのに対し、聖職者の犠牲者は圧倒的に多かったということと、犠牲者の多くは庶民であったことである。一般に、大災害の際には、弱者の犠牲が大きくなるので、庶民の犠牲者が多いのは不思議ではないが、聖職者の犠牲者が多かったことは、明らかに地震が発生した日が影響していた。すなわち、キリスト教の万聖節に地震が起こったため、聖職者の多くは教会堂の内部にいて、犠牲になった。貴族の犠牲者が少なかった理由としては、貴族の邸宅内には礼拝室があり、万聖節の儀式のために教会堂に行く必要がなかったためだと考えられている。国王もそうであるが、当時の貴族たちは万聖節を教会堂で祝うというよりは、自宅のチャペルでミサを行うのが一般的であったようだ。いずれにせよ、リスボン地震で被害を大きくした最大の要因は、教会堂内の石造ヴォールト天井の落下であった。リスボン地震時の建築的課題の解決については、震災後に改良された市街地の都市建築ばかりが脚光を浴びているが、問題だったのは石造の教会堂建築であり、この点をどう改良していったかについては今後検討していく必要がありそうである。[39] また、犠牲者の四分の三は女性であったこともわかっている。その理由に関しては不明であるが、地震の被害というよりは、地震後の都市の衛生状況が関係している可能性が高いと考えられ、[40] 今後の災害時の対応を考えるうえでも重要なデータであろう。

第3章　失われたリスボン

1　リスボンの惨状

唐突な地震の襲来によって、一瞬にしてリスボン市内の風景は変わった。大きな揺れに驚いている人びとを嘲笑うかのように、余震が繰り返し襲い掛かり、状況はさらに悪化していった。最初の地震ではなんとか耐えていた建物も、たびかさなる揺れに耐えきれず、倒壊していった。無傷と思われた建物さえ、壁にヒビが入り、破片が落ちてくる。落下物によってケガをしたり、動けなくなったりする者が街路にあふれ、痛さに耐えきれない呻き声や、助けを求める叫び声がまちじゅうにこだました。室内では、地震の揺れによって落ちてきた布が蝋燭の火の上におおいかぶさって燃えだしたり、床に落ちた蝋燭の火が絨毯やラグなどの可燃物に燃え移ったりしてボヤが発生し、それが地震火災を誘発していった。一カ所の火だったら、かろうじて消すことができたかもしれないが、それがいたるところで起きたので、とても消火どころではなくなった。こうして、まちは火焔に包まれていった。

燃え広がる火焔には、人間の力など到底及ばないものである。一八世紀には、ヨーロッパの一部は消防自動車が誕生し、消防団も結成されるようになっていたものの、リスボン地震時の組織的な消火活動は記録されておらず、消火活動は不可能であったとする見方が一般的である。[1] 当時、火災が起こった際、水をかけて消火しようとするのは、ボヤ程度の小規模な火災に限られ、火焔の規模がある程度大きくなった場合には、可燃物を取り除き、それ以上火焔を大きくしないようにするしかなかった。その極端な例が、建物を取り壊し、延焼を防止する方法で、これを一般に破壊消防と呼ぶ。しかし、リスボン地震では大掛かりな破壊消防が行われたという記録もない。ただ、ポンバル侯の緊急施策のなかに、震災直後の対応を軍隊に依頼している文書があり、破壊消防が行われた可能性はあるものの、これについては明らかにはなっていない。また、同様に緊急施策のなかには、沿岸に置かれた石炭や薪に火がつかないように移動を求めるとともに、火焔の勢いを止めるために溝を掘って水路をつくるように指示をする命令（一一月三日付布告）があり[2]、それが地震直後に可能であった数少ない消火活動であったのだと想像できる。

火焔は、なかなか止まなかった。消火活動は思うようにすすまず、ただ成り行きにまかせるしかなかった。それは当然のことであった。瓦礫には依然として市民が埋もれており、こうした人びとの救出を待たずに、破壊消防などを実施することはできなかったのであろう。まずは、生存者の救出が第一だった。そういった際、身分の差や立場に関係なく、尊い命を救おうとする者が登場し、やがて、かれらは英雄として語り継がれることになるものである。リスボン地震の直後には、聖ベント修道院の修道士がいち早く人命救助に取り組んだことや、イエズス会の聖職者たちが組織的に救命活動を行ったことがよく知られている。また、高等法院長官として震災後の復旧に尽力したラフォエス公ペドロ・エンリケ・デ・ブラガンサの弟のジョアン・デ・ブラガンサやモンシニョール・サンパイオなどが危険を顧みずに、瓦礫を掘り起こし、生存者を救出するとともに、遺体を埋葬するなど、献身的な働きをしたと伝えられている。[3]

必死の救助活動にもかかわらず、市内には動くことさえできない負傷者が多数いた。路地は瓦礫で埋まり、その下には助けを待つ負傷者がいるかと思えば、その隣には遺体が転がっているなど、悲惨な状況であった。しかも、時間とともに、まずは津波、そして、火焔が迫ってきて、もはや救済のチャンスすら得ることができなくなった。このように、救いの手を求めながらも、瓦礫の下から脱出できず、火の海にのまれ、絶命していった人びとも少なくなかった。

せっかく助け出されたとしても、負傷者の多くが治療を受けることができなかった。かろうじて命だけは助かった人びとも、無傷の者はまずなく、重傷者も多く、もだえ苦しむ人びとがあちらこちらにいた。しかし、本来、かれらを治療する病院もまた、地震によって壊滅状態であった。リスボンでもっとも大規模であった王立トドス・オス・サントス病院をはじめ、リスボン市内にあった六つの病院はすべて地震で倒壊するなど、使える状態ではなかった。それでも負傷者の治療をしようと、王立病院の指示により、聖ベント修道院と聖ロケ修道院に野外病院が設けられ、負傷者はそこへ運ばれた。その多くは腕や脚を切断するなど外傷を負っており、傷口の処置ができず、壊疽で死亡した例も少なくなかったという。[4]

図3-1　震災直後のリスボン郊外（作者不詳、1755年）

リスボン市内の惨状は想像しがたいほどであり、しばらくの間、市民の多くは、郊外の田園地域を放浪していたという。人びとは、着替えもなく、それどころか、食糧すら口にできない状況だったという。当時の悲惨な様子を描いた絵画がいくつか残るが、その多くは、ポツリ、ポツリと建てられたテントのような仮設住居のそばで困惑した人びとの表情を描いたものであった[図3-1]。また、絞首刑の場面が描かれているものもある。こういった状況で、ポンバル侯は、後述するさまざまな施策を試み、従わない者は厳しく処分していくことになる。

ただし、被害の状況には地区による差があったと考えられる。バイシャ地区の被害に限っては、とても人が住めるような状況ではなかったのはたしかであろうが、丘上の地区には地震被害は受けたものの、かろうじて住むことができる住宅はかなりあった。メンドンサによると約三分の二の住宅は住めるような状況ではなかったが、三分の一は住めたといい、[5]かろうじて生き残った人びとは、知り合いの家に身を寄せたのであろう。もちろん、全壊を免れた修道院でも被災者を受け入れるために、門戸を開け放した。聖アウグスチヌス会と聖フィリッペ・ネリ会の活動が際立っており、聖ヴィセンテ・デ・フォーラ修道院やネセシダス修道院が多数の被災者を受け入れたことが記録に残っている。[6]

地震直後はカオス化していたが、少しずつ、日常を戻す努力がなされた。そのためには、まずは住宅問題を解決しなければならなかった。地震後数カ月間で、北ヨーロッパから木材を輸入し、ブラジルからは丸太を運んで、市内外に約九〇〇〇棟の仮設住宅が建設された。これらの仮設住宅のほとんどは、その場しのぎの雑多なもので、多くは板でつくられ、その上に種々の茅が葺かれたものであった。なかにはタイルで葺かれたものもあったというが、テントよりはましな程度のものであった。ただし、職人の多くは、貴族階級の邸宅の修理にあたったため、仮設住宅の建設はなかなかすすまなかった。オランダから輸入されたプレファブ式の小屋は、二四時間で建設できたので重宝されたが、従来の仮設住宅と比べると、かなり見劣りするものであったという。[7]

2　文化遺産の喪失

リスボン地震発生時のポルトガル王は、三一歳の若さの即位五年目のジョゼ一世であった。ジョゼ王は、即位直後から政治にはあまり興味を示さなかったが、陽気で芸術好きで、音楽やダンスに興味を示し、ポルトガルを高い文化水準に導いていこうとしていた。その代表的な功績がオペラ劇場の建設であった。しかし、地震が発生した際、ジョゼ王はまだポルトガル国民からの信頼を十分に獲得できていたわけではなく、偉大な父王のジョアン五世の陰に隠れたままであった。得意とした芸術の分野においても、かれの手腕が国民に浸透するには、まだまだ時間が必要だった。というのも父王の治世は、さまざまな芸術や文化の分野で発展・開花がみられた時代であったからである。ジョアン五世は四四年の在位期間で、ポルトガルの文化的水準の向上におおいに寄与したと高く評されている。その栄華の証として、ポルトガル各地にバロック様式のモニュメントが建てられた。

また、リスボンには、その前の大航海時代の繁栄を象徴するモニュメントも多数あった。これらは、一般に「マヌエル様式」と呼ばれる建築であり、ポルトガルの後期ゴシック建築にあたる。これら新旧の貴重なモニュメントが、一瞬のうちに失われた。

地震被害の象徴的な存在は、ジョゼ一世によって建設され、完成したばかりであったオペラ劇場といってもよいだろう。オペラ劇場はヨーロッパ随一と称えられるほど立派な建築で、地震のわずか七カ月前の一七五五年三月三一日に開場したばかりであった。[8]これはジョゼ一世の王妃マリアナ・ヴィトーリアの三九歳の誕生日に合わせたもので、設計はイタリア人建築家ジョバンニ・カルロ・ガリ＝ビビエナ（一七一七〜六〇）の手によるものであった。フランスのヴェルサイユ宮殿にも匹敵するバロック建築屈指の傑作とみなされていた。地震によって、この建築は無残にも崩れ落ち、リスボン地震の象徴的な出来事として語り継がれている。この建築についてはほとんど明らかになっていないが、フランス人

図3-2　廃墟となったオペラ劇場を描いた版画
（ジャック＝フィリップ・ル・バ作、1757年）

版画家ジャック＝フィリップ・ル・バ（一七〇七〜八三）が震災後に描いた廃墟となった様子の版画［図3-2］が、唯一、残っている。

失われた大航海時代の遺構として、まずは宮殿があげられる。ポルトガルの海洋国としての栄華の象徴は、宮殿の建築に集約されていた。当時のポルトガル王室の主たる宮殿は、現在のコメルシオ広場の位置に建っていたリベイラ宮殿であった。リベイラ宮殿は、マヌエル一世によって建設されたマヌエル様式を代表する建築で、聖ジョルジェ城にあったアルカサヴァ宮殿に代わって、一五〇五年以降、まさにポルトガル王国の中心となった。ポルトガルの繁栄とともに、増築を繰り返していったが、地震直前には、コの字形にテージョ河に中庭を開き、回廊をまわした豪奢な佇まいであり、ヨーロッパ全土に知られるほど贅の限りを尽くし、当時の技術の粋を集めた建築であった。構造的にも強靭であったようで、この建築は地震動によって崩壊することはなかったという。しかし、その後の火災には耐えきれず、結局、倒壊してしまった。リベイラ宮殿には、歴代のポルトガル王が何世紀にもわたって収集したコレクションが所蔵されており、王室図書室にあった七万冊の蔵書、ヴァスコ・ダ・ガマをはじめとする冒険家たちの航海日誌などを含む大量の手稿や、貴重なタペストリー、絵画などが、地震火災によって焼失した。[9] 鎮火直後、何か焼け残ったものがないかと、王宮跡を一〇〇名の兵士によって調査したが、むなしい結果でしかなかった。[10]

リベイラ宮殿の周辺には、大航海時代を支えたさまざまな公共建築が建っていた。たとえば、リベイラ宮殿からテージョ河に沿って西側には、宮廷裁判所があった。この建築は、前身建物が一七五一年に火災にあい、その後建て直されたばかりであったが、今度は全壊してしまった。[11] また、このそばの王室造船所やインド商務院などの施設も犠牲になった。

3 教会堂の被害

敬虔なカトリック国の首都であったリスボンは、「教会のまち」ともいわれるくらい多数の教会や修道院があった。前述した通り、教会堂や修道院付属聖堂の建築は、石造で建てられるのが一般的であり、地震が少ないヨーロッパで発達した石造建築は地震には弱く、当然、被害も大きかった。もっとも顕著な被害は、地震によって壁が傾いたり崩れたりして、その影響でヴォールト天井の構造原理が崩れ、高い位置から石造のヴォールト天井が室内に崩れ落ちるというメカニズムによるものであった。残念ながら、地震が発生したのが万節祭であったため、教会堂や聖堂に集まってきた信者たちに重い石の破片が直撃し、犠牲者を増大させた。また、天井は木造で建設されており、なんとか地震に耐えた教会堂や聖堂も、タペストリーや木製の家具などの内部の可燃物にキャンドルの火が移り、火災が発生し、小屋組などの木材が焼けて建造物が大破するとともに、建物内の貴重な聖具が失われた。

この状態を今に伝える遺構がある。バイロ・アルト地区にあるカルモ修道院の聖堂は地震で崩壊し、その後も修復をせず、そのままの姿を保っている［図3-3］。この遺構をみると、ヴォールトを支えるアーチはかろうじて残っているが、その間をうめるヴォールト部分はすべて落下していることがわかる。これが典型的な石造教会堂の地震被害だといえよう。

また、聖ジョルジェ城の丘の南に建つリスボン最古の教会堂建築である聖マリア・マイオール教会（現リスボン大聖堂）は、数少ない現存する中世建築であるが、地震によって正面の双塔が破壊され、内部もヴォールト天井の落下によって、マリア像が落下するなどの大きな被害を受けた。その後修復され、今ではリスボンのカトリック信仰の拠点となっているが、地震時の被害の痕跡を現在でも確認することができる［図3-4］。

市内の教会堂で、地震前から建っていた建築としてもうひとつ、聖ロケ修道院の付属聖堂（聖ロケ教会）［図3-5］があげられる。現存する聖堂は、一五〇六年から一五一五年にかけて建てられたマヌエル様式の建築である。ポルトガルにイエズス会が渡来した際の拠点となった教会で、あのフランシスコ・ザビエルもこの教会に属していた。

図3-3　カルモ修道院の聖堂跡（リスボン、1389～1423年建設、地震で倒壊し廃墟として保存）

また、一五八四年に天正遣欧少年使節が渡葡した際に滞在するなど、わが国とも因縁がある教会である。地震が起こった当時は、マヌエル様式にポルトガル・バロック様式と、装飾にブラジルの金が多用された新古典主義のデザインが加わった建築であった。地震によって塔と正面玄関の一部が崩壊したが、ほかの部分は、幸運にも被害を受けなかった。地震に耐えた市内の数少ないモニュメントのひとつである。地震後の一七五八年に、イエズス会はポンバル侯によってポルトガルを追放され、その後、教会の資産は国家に没収され、さらに「リスボン聖ミゼリコリダ協会」(一四九八年創設)へと下賜されたが、建築自体は当時のままである。

これらの大規模な教会堂や修道院の付属聖堂以外にも、キリスト教国家ポルトガルの拠点で

図3-4　リスボン大聖堂の現状(リスボン、1147年建設、一部が中世の状況を保つ)

あったリスボンには、多数の教区教会堂があり、信仰の場の被害がもっとも大きかったのは、皮肉なことであった。

教会堂の被害に関しては、多少ではあるが記録が残り、被害の度合いや地区による違いがある程度明らかになっている。たとえば、聖ロケ教会は市内で被害を逃れた数少ない例であるが、ちょうど地盤が固い丘の上に建っていたため地震被害が少なく、また、幸運にも地震火災はここまでは延焼してこなかったので、かろうじて無事であった。

このように、市内の建築は全滅に近い状況であったが、郊外では難を逃れたモニュメントがいくつかあった。たとえば、ベレンに建つジェロニモス修道院［図3-6］は、地震被害は受けたものの倒壊にはいたらず、大航海時代に貿易による巨富を手にしたポルトガルの繁栄ぶりを伝えるマヌエル様式の代表作として現存し、世界遺産にも登録されている。また、アルカンタラ谷を横断し、リスボンに飲料水を供給する全

図3-5　聖ロケ教会（リスボン、1506〜15年建設、現存）

図3-6　ジェロニモス修道院（ベレン、1501/2年以降建設、現存）

長一八キロメートルの高架水道橋アグアス・リヴレス[第6章：図6-5]も地震時に建設中であったが、ほとんど被害を受けなかった。

4　市民生活の麻痺

豊かなリスボンには、貴族や各国大使・領事といった裕福な人びとが住まい、かれらの大邸宅も多数あった。一般に、こういった人物たちの中で、犠牲になった者はさほど多くはなかった。ただし、絶命することはなかったとはいえ、邸宅の被害は甚大であり、命からがらやっとのことで避難できたという状況であった。特に、低地に位置した邸宅のほとんどは、地震や火災によって、倒壊している。これらの状況に関しては、当時の文献によって、かなり詳細に明らかになっている。特に、各国の大使や領事は、母国に自分たちの消息を伝えるとともに、地震の様子を書き綴った手紙などを送っており、かれらの身に起こったこととの詳細を知ることができる。

たとえば、イギリス大使エイブラハム・カストルの場合、邸宅は損傷を受けたものの、かろうじて倒壊はせず、大使は二階の窓から飛び降りて、窮地をしのいだ。また、オランダ大使一家は、邸宅は完全に倒壊したものの、無事であった。一家に伝わる逸話によると、女性家庭教師が飼っていた猿が地震を予見して鳴き騒いだため、家族は何かが起こるのではないかと構えており、実際に地震が発生しても、大使のシャルル・フランソワ・デ・ラ・カルメは冷静で、家族と使用人に揺れが収まるまで家の中にいるように命令した。もしも、慌てて外に飛び出していたら、スペイン大使のペレラーダ伯のように、倒壊した外壁によって押しつぶされていたかもしれなかった。その後、火災が発生すると、女性家庭教師が二人の子どもたちをかついで逃げたため、誰ひとりとして犠牲になることはなかった。フランス大使のフランソワ・デ・バスキ伯も、夫人が子どもたちをスカートに包んで、邸宅が崩れる前に逃げることができ、家族も従者たちもすべて危機を免れたが、所有する五〇頭の馬のうち、二七頭が倒壊した厩舎の中で死んだと、ヴェルサイユ宮殿に報告している。ほかにも、ハンブルクの領事、ナポリ大使、ナポリ領事、スウェーデン領事、オランダ領事、フランス領事、プロイセン大使、イギリス領事などの無事が、書簡によって本国に伝えられている。同様に、貴族たちの手紙も残っており、これらの記録から、地震時の慌てふためいた状況がわかってくる。祈ることしかできなかった者、懸命に助けを求める者、瓦礫に押しつぶされないように屋根に上った者など、さまざまな様子が想像できる。[12]とはいっても、このような記録を残すことができたのは、なんとか命脈をつなぐことができた者だけであった。

他方、一般の市民の状況はどうであったのか。地震直後、壁にヒビが入り、今にも倒れそうな自邸を飛び出し、少しでも安全な空間に避難しようとした。人びとの頭には、バイシャ地区の南にあり市民生活の中心であったテージョ河に面した王宮広場と、バイシャ地区の北にあったロシオ広場が浮かび、この二つの広場になだれ込んだ。王宮広場に逃げた人びとには、津波が襲い掛かり、多くの人が命を奪われた。一方で、ロシオ広場は、行き場を失った人びとですし詰め状況であった。しばらくすると、二つの広場は火焰に包まれ、広場にあった施設のほとんどすべてが焼け落ちた。特に、ロシオ広場の焼失は、地震被害を受けたばかりのリスボンにとって、大きな痛手となった。ロシオ広場の東側、現在のフィゲイラ広場には、王立トドス・オス・サントス病院［図3-7］が象徴的な存在としてあったが、火災で燃え尽きた。この病院は一四九二年にローマ教皇の承認を得て、ジョアン二世（在位一四八一〜九五）によって建設が開始され、マヌエル一世の治世下の一五〇四年に完成した大病院であった。大病院の建設は、ポルトガル王室の施策のひとつであり、景観上も重要なモニュメントであった。中央にチャペルを有する中庭があり、その周りが三階建ての病棟となる構成のマヌエル様式（ゴシック様式）を代表する建築であった。約二五〇人の入院患者を収容でき、年間二五〇〇〜三〇〇〇人の患者を診療したといわれる。地震時は、火災によって倒壊したが、広場を利用した野営診療所となって、被災者の手当にあたっていた。

こうしてリスボンを襲った三つの厄難、すなわち地震、火災、津波によって、公共建築は失われ、マーケットも機能しなくなった。もちろん、パン屋も魚屋もその他の商店もすべてが灰燼と化し、リ

図3-7　震災以前のロシオ広場（ズサルテ作、1755年頃、リスボン）
広場に面した巨大な王立トドス・オス・サントス病院や丘の上の聖ジョルジェ城
などが確認できる

スボンの都市機能は完全に麻痺し、市民の生活は根本から崩れ去った。カオスとなったリスボン市内には、傷つき、途方に暮れた市民がもだえ苦しんでいたが、ついには力尽き、多くの遺体がまちじゅうにころがっているという状況に陥った。やがて、遺体の腐敗が始まり、市内の風景は一変した。そして、人びとはこういった状況に慣れていった。

第4章　ポンバル侯と臨時政府

1　国王一家の一一月一日

地震が発生した際、国王ジョゼ一世とその家族はベレンの離宮にいた。祭事を好んだジョゼ王なので、国民的祝日である万聖節には教会の行事に参列していたと想像されるところだが、そうではなかった。ほかの貴族たちも、教会堂で犠牲になった者はほとんどなく、万聖節の行事は、貴族たちの生活とはあまり関係がなかったようだ。

国王一家の当日の行動は、次のように伝えられている。ジョゼ王は未明に起床し、早朝のうちに王妃マリアナ・ヴィトーリアと四人の王女とともに、リスボン市内のリベイラ宮殿の宮廷礼拝堂にてミサを挙行し、ポルトガルの守護聖人の聖ジョルジェをはじめとする諸聖人に祈りを捧げた。そして、一家で黄金の馬車に乗り、川沿いの道を西に進み、ベレンの離宮に向かった。それに聖職者や廷臣たちが続き、一行は沿道の人びとから歓呼の声で迎えられた。王女たちは万聖節の残りの時間は田園地帯で過ごすことを希望し、王も狩りなど牧歌的なレジャーを楽しむことを望んだ。一行がベレンの離宮に到達し、各自の居室に入るやいなや、地震が起こった[1]。

ベレンとリスボンはわずか六キロメートルほどしか離れていない。それにもかかわらず、ベレンは地震の被害はリスボンに比べて少なく、地震火災も津波の被害もなかった。そのため、幸運にも一行はすべて無事で、ケガ人すらいなかった。不幸中の幸いである。ただし、王女マリア（のちのマリア一世、一七三四〜一八一六）は地震のショックから体調を崩し、床に臥せってしまったという。[2]

リスボン市内にあったリベイラ宮殿が地震火災によって焼失してしまったため、地震後、国王一家はリスボンに戻ることはできなかった。リベイラ宮殿はポルトガル王国の正規の宮廷であったため、新たな宮廷も必要となった。その際に候補となったのは、ベレンの離宮であったが、いくら被害が少なかったとはいっても、あちらこちらに地震の痕跡を残す建物にとどまるのは不安が大きく、そのまま宮廷として用いるわけにはとてもいかないという判断にいたった。それ以上に、ジョゼ王は地震時の忌まわしい記憶のため、すぐにでもベレンの離宮を出ていきたかったという。結局、国王一家はベレンの離宮を離れることとした。この段階では、当然リスボン市内の都市計画も決定しておらず、正式の宮廷をどうするかの結論はでていなかったが、とりあえずはアジュダの丘の頂に仮設の宮殿を建設することとした。それまでの間、国王一家はベレンの離宮のそばに、テントを建てて滞在していたようだが、[3]一七五六年七月二二日には、仮設ながらも新宮殿が完成し、移り住むことができた。こうして建設されたのが、アジュダ宮殿である。そして、ここがしばらくの間、公式の宮廷となった。設計は地震によって倒壊したオペラ劇場の設計にも携わったイタリア人建築家ジョバンニ・カルロ・ガリ＝ビビエナが担当した。アジュダ宮殿は平屋建ての木造建築であったが、タペストリーをはじめとするさまざまな装飾で飾られ、かなり豪奢であったという。しかし、この建築は現存せず、詳細に関しては不明のままである。[4]

2　宮廷高官たちの行動

緊急事態にあって、宮廷高官たちが国王のもとに集まるのが本来の姿であろうが、地震直後、ベレンの離宮では、そうはならなかった。不思議な状況であるが、このことが、その後、ポンバル侯が独裁的に政権を牛耳り、震災の危機に立ち向かう引き金となる。そこで、その背景を理解するために、まず地震発生時の宮廷の高官と執政体制を確認しておこう。

一八世紀前半のポルトガルは、他国と比較してやや遅れはしたが、絶対王政の世であった。国務は国王のもとに仕えた国務秘書官が中心となって取り仕切られた。地震発生当時の制度は、ジョアン五世によって一七三六年に創設されたもので、国王が内務担当国務秘書官、外務・陸軍担当国務秘書官、海外領・海軍担当国務秘書官の三役を任命し、調整役、官房長役(一七三六年時には二名)とともに国務にあたらせた。正式なポストとしては以上だが、それとは別に、国王が信頼する者が宮廷には出入りしていた。

ジョゼ王即位直後に実施された一七五〇年八月二日の組閣で、新王は父王時代からの内務担当国務秘書官ペドロ・ダ・モタ・エ・シルヴァ（一六八五～一七五五）を続投させ、外務・陸軍担当国務秘書官にはセバスティアン・ジョゼ・デ・カルヴァーリョ・イ・メロ（一六九九～一七八二、のちの「ポンバル侯」）、海外領・海軍担当国務秘書官にはディオゴ・デ・メンドンサ・コルテ＝レアル（一六九四／一七〇三～七一）を任命し、新たな統治体制を敷いた。この布陣は、すべて外交官経験者からなる実質的な人選であり、それまでの慣例であった有力貴族からの選出ではなかった。ここでポンバル侯に託されたのは、南アメリカの領土問題の解決であり、同年の一月一三日にスペインとポルトガルの間で締結されたマドリッド条約を実施することであった。この問題は、当時の外交上の最重要課題であり、これまでの経験が期待されたものであった。[5]

地震が起こった際、三人の国務秘書官のうちトップの地位にあたる内務相当秘書官ペドロ・ダ・モタ・エ・シルヴァは病床の身であり、地震直後に王の片腕になることは期待できなかった。現に、かれは地震によって体調を崩し、地震の三日後の一一月四日に亡くなっている。また、海外領・海軍担当のディオゴ・デ・メンドンサ・コルテ＝レアルは、ポンバル侯のライバルとみなされる人物であったが、地震直後、天変地異に恐れおののき、すぐにリスボンを離れたという。[6] 緊急事態にリスボンのために尽力しなければならない立場にあるという自覚はなかったようで、まったく頼りにならなかった。ちなみに、ディオゴ・デ・メンドンサ・コルテ・レアルは、その後、リスボンに戻り、海外領・

海軍担当国務秘書官の地位に返り咲くが、ポンバル侯の強引な手法に耐えられず、謀反を計画したため、一七五六年八月三〇日に国外追放されている。[7] そうなると、いや応なしに注目は、外務・陸軍担当のポンバル侯の行動に集まった。

地震が発生した際、ポンバル侯は自邸にいた。かれの自邸は丘上のバイロ・アルト地区の北東部にあたるフォルモサ通り（現在のセクル通り）にあり、幸運にも地震被害はさほどひどくなく、地震火災も免れることができた。ポンバル侯の親族にはカルモ修道院で犠牲になったものもいたが、ほかはみな無事であった。地震後、ポンバル侯は、その日のうちに国王一家が滞在するベレンに向かった。ベレンの離宮では、ジョゼ王がポンバル侯を待ち構えていたという。優柔不断のジョゼ王は、この非常時にあって、何をしたらよいかわからなかった。父王のジョアン五世は、ポルトガルをヨーロッパの列強国に導いた優秀な国王として評価が高いが、その息子はそうでなく、乗馬や音楽に興味をもち、国事にはまったく関心を示さなかった。その後、ジョゼ王はポンバル侯に全幅の信頼をおき、政治に関するすべての権限を委ねるようになる。[8]

こうして、ポンバル侯が国王に代わって陣頭指揮を振るうことになった。この時点では、それに横槍を入れる者はいなかった。ポンバル侯は実用主義をもって、すぐさま救命と再建の準備に取りかかった。みずからも被災者であったポンバル侯は、震災後、八日間も馬車の中で生活をしながら、策を練ったという。[9] そして、ポンバル侯は、ジョゼ一世を後ろ盾とし、執政がしやすいように、自分を中心とした臨時政府の組閣を始め、リスボンならびにポルトガルの復興に尽力し、さらには独裁的な権限をもって、経済・社会・植民地政策を取り仕切り、ポルトガルの地位向上に取り組んでいくことになる。

3　ポンバル侯

リスボン地震直後の立役者は、ポンバル侯（セバスティアン・ジョゼ・デ・カルヴァーリョ・イ・メロ）［図4-1］といっても過言ではない。現在でも、リスボン地震直後のポルトガル政府の対応は、災害時の緊急対応といった観点から高く評価されており、リスボンが震災から復興できたのはポンバル侯がいたからだといっても、それを否定する者はまずいない。言い換えると、ポンバル侯はリスボン地震という緊急時に、適切な対応をとることができたため、ジョセ王からも、世間からも信頼を得ることができたのだ。その後、ポンバル侯はジョゼ一世の片腕として、ジョゼ王の治世下、あらゆる国事に辣腕を振るい、地震によって壊滅状態に陥っていた首都リスボンを復興させるばかりではなく、ポルトガルの近代化を大きく前進させた。ただし、その手法には、かなり強引な部分もあり、かれに対する評価には賛否両論あるものの、ポンバル侯がポルトガル史上に果たした役割はきわめて大きいのは事実である。[10]

図4-1　ポンバル侯（セバスティアン・ジョゼ・デ・カルヴァーリョ・イ・メロ）の肖像画
（L. M. ファン・ルー & J. ヴェルネ作、1766年）

ここでひとつの疑問が生ずる。ポンバル侯の出自はさほど高くはなく、どのようにして政権の中枢に足を踏み入れ、ジョゼ王の信頼を得たのだろうか。ポンバル侯はジョゼ王の片腕として辣腕を振るったが、地震が発生した段階では、まだ駆け出しの宮廷人であった。いくらほかの国務秘書官が頼りなかったとはいえ、まだ外務・陸軍担当の国務秘書官に就任してわずか五年目であり、その上の地位には、首相に相当する内務担当の国務秘書官がおり、絶対的な権限をもっていたわけでもなかった。身分上も、この段階では爵位すらない下級貴族にすぎなかった。すなわち、地震直後には国務秘書官三人のうちのひとりではあったものの、その地位は安定したものではなかったが、実質上、ジョゼ王の代理として、復興の指揮を執ることができた。そこで、それが可能となった経緯に関して、ポンバル侯の生い立ちにまでさかのぼり、検討していきたい。

ポンバル侯は、正式名称を「ポンバル侯爵およびオエイラス伯爵セバスティアン・ジョゼ・デ・カルヴァーリョ・イ・メロ」という。オエイラス伯爵への叙位は一七五九年、ポンバル侯爵への叙位は一七七〇年であり、リスボン地震直後は、まだ、セバスティアン・ジョゼ・デ・カルヴァーリョ・イ・メロであり、爵位はなかった。

のちのポンバル侯、セバスティアン・ジョゼ・デ・カルヴァーリョ・イ・メロは、下級貴族で軍人であったマヌエル・デ・カルヴァーリョ・イ・アタイデ（一六七六～一七二〇）とテレサ・ルイーザ・デ・メンドンサ・イ・メロ（一六八四～?）の息子として、一六九九年にリスボンで生まれた。コインブラ大学で法律を学ぶが、すぐに退学して軍隊に入った。これも長くは続かず、すぐさま除隊している。その理由に関しては、学問に興味がなかったとか、軍隊にいても出世の見込みがないことを悟ったとか、さまざまなことが憶測されているが、少なくともこの頃、父の死によって経済的に困窮していたようであり、それが原因していた可能性が高い。一七二三年、二三歳で一〇歳以上年上の未亡人であったアルコス伯爵の姪テレサ・デ・ノロンハ・イ・ブルボン・メンドンサ・イ・アルマダ（一六八七〜一七三九）と駆け落ちに近い状況で結婚する。この結婚は妻の実家から反対されていたもので、ポンバル侯の強引な行動のあらわれであった。だが、この結婚によって、有力貴族の一員となることができたことは、ポンバル侯の生涯にとって大きかった。この頃のポンバル侯に関しては不明な点も多いが、なんらかのコネもあって、一七三八年、三九歳でロンドン駐在ポルトガル大使に任命され、一七四五年からはウィーン駐在ポルトガル大使を務めている。ポンバル侯の外交官としての成果は目にみえるかたちで表れはしなかったが、この経験がのちにいかされることになる。

ポンバル侯のイギリス滞在は、一七三九年から四三年までの足掛け五年である。ちょうどその頃、イギリスでは議会制政治が完成を迎えており、ロバート・ウォルポール（一六七六〜一七四五）が首相となって、議会政治（責任内閣制）が確立し、商業大国として発展していった時代である。ポンバル侯は、イギリスの商業振興に対して強い興味を抱いたとされ、鉱業、タバコ、砂糖、羊毛、航海術など、さまざまな貿易会社について学んだ。

ポンバル侯は、イギリスとフランスが対立する世界情勢のなかで、イギリスとの同盟関係を保ちながら中立政策を維持すること、インドにおける対マラータ戦争への支援要請、イギリスとの関係におけるポルトガルの権利回復などの任務にあたった。一方で、イギリスの状況をつぶさに観察し、重商主義者などの思想家の著作を収集し、「ポルトガル東インド会社構想」の提案などをまとめた。他方、ウィーン駐在時に、当時の国王ジョアン五世の王妃であったオーストリアのハプスブルク家出身のマリア・アナ・デ・アウストリア（一六八三〜一七五四）に目をかけられた。一七三九年に妻と死別していたポンバル侯は、一七四六年、王妃の勧めで、レオノール・エルネスティーナ・ドゥ・ダウン（一七二一〜八九）と再婚する。[11] レオノールは、七年戦争の立役者オーストリア元帥ダウン伯レオポルト・ヨーゼフ（一七〇五〜六六）の従妹にあたり、[12] この結婚で、ポンバル侯は一流貴族の仲間入りを果たしたことになる。オーストリアでは、教皇庁との調整を担当するとともに、人脈を広げていった。王妃には気に入られていたものの、国王ジョアン五世はポンバル侯とそりが合わなかったようで、一七四九年にポンバル侯は大使としての任が解かれ、帰国させられる。しかし、その直後、ジョアン五世が死去し、状況が一変する。新王ジョゼ一世は、理由は定かではないが、ポンバル侯をやけに重用し、一七五〇年八月二日の初組閣で外務・陸軍担当国防秘書官に任命した。[13] これはポンバル侯の親族であった前任のマルコ・アントニオ・デ・アゼヴェード・コウティーニョ（一六八八〜一七五〇）の死去にともなう人事で、そのとき、ポンバル侯は満五一歳であった。

4　臨時政府

地震前、中央政府は、港に面したテレイロ・ド・パソ（王宮広場）を中心としたテージョ河岸地区にオフィスを構えていたが、その周辺は地震と火災と津波によって全滅であった。他方、ベレンの離宮も住める状況ではなかったが、ジョゼ一世ら王室一家はベレンを大きく離れることはなく、その近郊のアジュダに仮設建築を建てて、臨時の宮廷を構えていた。そのため、政府機関をアジュダに移転する選択肢もあったが、ポンバル侯は現場を離れては、リスボンの復興はできないと考え、オフィスは使えなくとも政府機能はリスボンに残すこととした。そして、臨時政府の仮設オフィスを、テージョ河岸と王宮広場の二カ所に設置し[14]、みずからは国王のいるベレン郊外のアジュダの仮宮殿と被災の状況が生々しいリスボン市内の間の往復を繰り返し、馬車の中でも業務に勤しんだという［図4-2］。

ポンバル侯は、地震直後、ジョゼ一世の代行として政務にあたり、次から次へと問題を解決していった。しかし、その地位は確固たるものではなく、震災の混乱から世情が少しずつ安定していくとともに、反対勢力の勢いが増し、ポンバル侯がリスボン再興に注力するためには、次の体制が必要とな

図4-2　被災地で建築家に指示をするポンバル侯
（ムリシオ・ジョゼ・ド・カルモ・センディウム 作）

った。そして、震災からほぼ半年が経過した一七五六年五月六日に、おそらくポンバル侯の働きかけによって、ジョゼ王は再組閣を実施し、ポンバル侯は内務担当国務秘書官に任命され、名実ともに国務を牛耳るトップの座に上り詰めた。しばしば、ポンバル侯の地位は宰相と邦訳されることがあるが、内務担当国務秘書官の地位は、まさに国家を代表する宰相に匹敵する地位であった[15]。

この人事によって、ポンバル侯の権限は保障されたが、もともと身分がさほど高くなかったポンバル侯が政治的にトップの地位を占めるこの体制には、名門貴族たちを中心として、不満を抱く者も少なくなかった。ポンバル侯の考え方は、ポルトガル経済が低迷しているのは、異端の信仰をもつ商人（ブルジョアジー）の台頭を否定する伝統的な貴族層が最大の障害になっているというもので、ブルジョアジーを保護する政策をとった。そのため、有力貴族たちの間で反ポンバル侯党派が形成され、これにポンバル侯によってさまざまな既得権が脅かされていたキリスト教会のイエズス会士も加わった。こうして、ポンバル侯に対する反発は、ますます高まっていった。しかし、ポンバル侯は、一七五八年九月三日のジョゼ一世暗殺未遂事件を契機に、反撃に転ずる。これは、ポルトガル史上一大スキャンダルで、ジョゼ王が愛人との逢瀬後にベレンの仮宮殿に戻る際、数人の男に襲撃されるといった事件であった。幸いにもジョゼ王は命を取り留めたが、犯人が逮捕されると、タヴォラ家の指示による犯行と自供したということで、関係者が逮捕され、処刑された。その際、逮捕・処刑されたのは、すべてポンバル侯の天敵であった名門貴族たちであった。ポンバル侯の仕打ちは、きわめて残酷であった。ポンバル侯は、タヴォラ侯爵（一七〇〇～五九）、夫のフランシスコ・デ・アシス・デ・タヴォラ（一七〇三～五九）とその子どもや孫、また、自供で名前があがったとされるアヴェイロ公爵（一七〇八～五九）らを首謀者として逮捕した。そして、爵位を剝奪すると、見せしめとして邸宅を破壊し、さらには公衆の面前で四肢切断のうえ火刑に処した。これに乗じて、ポンバル侯は反対派の貴族たちの大弾圧に乗り出し、千人以上を逮捕し、処刑、投獄、追放するなど、徹底した対処を実行した。

こういった、かなり残虐で強引ともいえる手法で、ポンバル侯は権力を手にして危機を乗り越えた。こうして、一七五八年九月三日のジョゼ一世暗殺未遂事件以降、ポンバル侯の独裁政治体制が確立し、一七七七年にジョゼ王が没するまで、独裁者として国政を操っていった。そのため、ポンバル侯はのちに批判を浴びることも多かった。

この事件は、のちほど述べるリスボンの復興にも大きな影響を与える。事件が起こる一七五八年まではなかなか都市復興が開始できなかったが、これをきっかけとし独裁政治の基盤がそろい、都市復興が急速に進展することになる。

第5章　緊急施策

1　死者を葬り、生ける者へは食糧を！

地震直後、ベレンの離宮に駆け付けたポンバル侯に対し、ジョゼ王が最初に発した言葉は、「何をすればよいのか？」という問いかけであった。それに対し、ポンバル侯は「死者を葬り、生ける者へは食料を！（enterrar os mortos e cuidar dos vivos!）」と即答したという。[1]これはあまりにも有名な逸話であるが、実はこのフレーズはポンバル侯のものではなく、ポルトガルのインド総督を務めた英雄的軍人であったアロルナ侯爵ペドロ・アルメイダ（一六八八〜一七五六）の言葉だったらしい。[2]その真偽は別として、ポンバル侯はこの言葉通りの行動をとった。また、このフレーズは、ポンバル侯のリーダーシップを示す表現として用いられる半面、ジョゼ一世の優柔不断さを表す言葉でもあり、二人の関係性を示したものでもあった。このようにして、リスボンの生存者一五万人[3]の生活とリスボンの再興は、ポンバル侯の両肩にのしかかることになった。

ポンバル侯の動きは敏捷であった。その日のうちに二件の布告を発布し、緊急対応を開始した。[4]ポンバル侯の施策の実行は、国務秘書官（一七五六年五月六日までは外務・陸軍担当国務秘書官、それ以降は内務担当国務秘書官）として、国王の名のもと公的文書を発行し、関係者に指令を下す方法によってなされた。[5]地震当日に発布された布告のひとつは、騎兵隊隊長マリアルヴァ侯爵[6]に宛てられたもので、地震によって自宅が崩壊し、瓦礫に埋もれたリスボン在住のスペイン大使ペレラーダ伯ベルナルド・アントニオ・デ・ボイシャドールを、軍隊を率いて救出せよという指令であった。前述したようにペレラーダ伯は、地震発生時、自宅にいたが、様子を見に屋外にでようとしたところ、建物が崩壊し、瓦礫の下に埋もれてしまった。それを知った宮廷は、ただちに友好国の大使を救出する行動にでたのであった。王妃マリアナはスペインの出身であり、スペインは外交上もっとも重要な国であり、その大使の救助を最優先させたことになる。もうひとつの布告は、リスボン参事会会頭のアレグレテ侯爵[7]に宛てたもので、震災対応のために、軍隊の出動を要請する内容であった。自治都市であったリスボンは自治権(独立権)が認められており、緊急事態にあって、宮廷からリスボン市の自治をつかさどる参事会のトップに対し、軍隊を用いて対応すべきという手段を示すとともに、早急な対応を求めるものであった。震災復興にあたり、リスボン市参事会の会員は総じて献身的に活躍した。なかにはポンバル侯の反対勢力もおり、ときにはポンバル侯の施策に意見することもあったが、市参事会の協力なしでは、復興はなしえなかったであろう[8]。

初日に発行された文書は二件のみであったが、二日目には九件の文書がだされ、ポンバル侯の施策がより具体化してくる。そのなかで、リスボン高等法院長官のラフォエス公ペドロ・エンリケ・デ・ブラガンサ(一七一八〜六一)ならびに各教区の行政官に発された布告は、今後の緊急対応の基本的方針を示したものであった。当時のポルトガルの高等法院は、行政、民事、刑事をつかさどる実質的な最高決定機関であり、宮廷と並ぶ権力を有する組織でもあり、リスボンとポルトに置かれていた。この布告の主たる内容は、リスボン高等法院、リスボン市参事会、軍隊、教会がそれぞれ独自の動きをするのではなく、一致団結し、協力体制のもと、早急な復旧を実施することを求めるものであった。高等法院に対しては、種々の救済活動を実施するために法的緊急措置を遂行するよう命令するとともに、管轄する諸機関に対しては、任務分担を明確にするよう指令した。たとえば、軍隊の協力を得て、至急、瓦礫の下から遺体を掘り起こして総大司教と協議しながら遺体を遠隔地へ運んで埋葬すること、瓦礫に埋もれた財産の盗難を防止するなど市民に法律や規律を厳守させること、被害状況を調査すること、市街地に詰所を設けて衛兵を配置し市民が地方へ拡散することを防止すること、パンを製造して食料を供給すること、物価を統制することなどを命じた。

ほかの布告は、より具体的なものが中心を占めた。特徴的なのは、地震直後は軍隊へ協力を仰ぐ命令が多かったことであり、二日にだされた布告九件のうち半分近くの四件が軍隊に対する指示であった。たとえば、騎兵隊隊長マリアルヴァ侯爵に、カスカイス、ペニッシュ、セトゥーバルの連隊をリスボンに招集するよう命令するなど、可能な限りの軍組織を用いて、震災時のリスボンの治安の維持、緊急物資の運搬、仮設テントの設営、食料の管理、市民の市街拡散の防止などの任務にあたるよう指示した。国の一大事に、軍隊の力を借り、市民を救済しようとしたのである。現代でも、災害が起こった場合、日本では自衛隊が、海外諸国では軍隊などが出動することがよくある。一六六六年のロンドン大火時にも、消火活動から治安の維持まで、軍隊の力を必要としており、国王は地方の軍隊を招集する命令を発している。[9] この点は、リスボン地震の際も同様であった。また、二日の段階で、行政機関の幹部に対し宮廷の指示を仰ぐようベレンへの来訪をうながし、個別に指示を伝えようとした。ちなみに、二日にはまだ地震火災が鎮火しておらず、いまだもってこの先がどうなるかがわからない状況であった。この段階から、ポンバル侯は復興の旗手となるべく動き始めていた。

2　ポンバル侯の書簡

ポンバル侯の地震対応の手法は、すでに述べてきたように、国王の名のもと、布告、王令（法律）、通達、命令などの公的文書（書簡）を発布し、それで行政や市民を動かそうとするものであった。その際、発布された公文書が、『一七五五年リスボン地震時の緊急施策』[10]（アマドール・パトリシオ・デ・リスボア編、一七五八年）にまとめられている。これはポンバル侯が独裁を開始したのちに、ポンバル侯の命によって、ポンバル侯のブレーン的存在でもあったオラトリオ会の修道士フランシスコ・ジョゼ・フレイレが編纂したもので、計二三三通の公文書が掲載され、一つひとつの内容が解説されている。当時の出版物は、異端審問所または教会によって検閲され、認められた場合のみ、それを示して刊行されるのが一般的であったが、この書籍にはその許可印がない。つまり、政府の保護のもと、出版された記録集であり、いわばポンバル侯の政治上のプロパガンダ的性格をもつ記録であったと考えられている。[11] この記録が編纂された一七五八年以降も、ポンバル侯は公的文書を発行し続けたので、これがすべてではないものの、地震直後の対応に関しては、よくわかる一級史料として貴重である。これに対し、一七五八年以降の文書のやり取りがわかるのが、エデュアルド・デ・オリヴェイラによって編纂された『リスボン公文書集成』(一八八五～一九一一)[12]である。これはポルトガル王国の首都がリスボンに遷都されて以来の公文書を集めたものである。しかし、震災対応の公文書に関しては、『一七五五年リスボン地震時の緊急施策』ほどは網羅できていない。このように二つの史料は一長一短の側面もあるが、この二つの記録集によって、おおむねの施策に関して明らかになっている。

『一七五五年リスボン地震時の緊急施策』の中で、フレイレは震災直後の二三三通の公文書を一堂に集め、整理し一四のカテゴリーに分けて編纂している[表5-1]。この分類は、地震直後の公文書を一堂に集め、整理したものであり、史料的価値が高い。[13] ポンバル侯の施策に関しては、さまざまな記録の中で言及されているが、この記録集はポンバル侯の施策の一次史料ともいえるものである。ここではポンバル侯が発行した文書をもとに、現代社会で災害が起こった場合の一般的な対応と比較しながら、施策の内容を考察していきたい。

ポンバル侯の施策は、現代的感覚からも実に的を射たものであり、模範的なものであった。その施策は、次の六つに分けることができる。[14]

1	遺体処理と 疫病対策	多数の遺体が埋葬されず放置されており、これらの遺体が腐敗することによって疫病を引き起こすことを憂い、それを防止するため、遺体の埋葬、溜水の撤去、瓦礫の撤去と清掃などの施策を講じた
2	飢餓対策	多くの穀倉が倒壊・焼失したうえ地方からの食糧の運搬も途絶え、市民の飢餓が懸念されたため、食糧の確保、価格の統制、免税措置などの施策を講じた
3	負傷者の救済	地震による負傷者や病人の救助活動の推進、救護所や野戦病院の設置、困窮者の救済などを実施した
4	リスボン市民の 拡散防止	住民なしでは都市再建はできないと考え、離散したリスボン市民の拡散を禁止した
5	盗難・略奪の防止 と犯罪者の処刑	横行する略奪や盗難を防ぐため、犯罪者を厳罰に処した
6	テージョ河沿岸の 管理	水路による盗品の流出の防止のため、テージョ河で厳重な巡察や出航船の積荷の監視を行うとともに、沿岸・港湾の防衛体制を整えた
7	周辺地域の救援	外国の脅威からの沿岸治安の確保、海上交通の確保などの観点から、被害が著しかった周辺地域の救援策を講じた
8	軍隊の招集	被災者の救助、治安維持、復旧支援などのため、軍隊の出動を要請した
9	仮住まい支援	都市計画が完了するまでの間、地震で家屋を失った者のために仮設住宅を建設・供給するとともに、既存の住宅の家賃を固定し、建設資材の安定供給のために価格の統制などを行った
10	教会聖務の再開	被災を免れた教会を修復し、聖務を再開できるよう援助した
11	修道女の保護	居場所を失い、安全を求めて放浪していた修道女を保護し、規律を順守した修道生活を復活させた
12	諸施策	民衆のさまざまな要望に応え、鎮火作業、瓦礫の撤去、危険な廃墟の取り壊し、法廷の正常化、流通の確保などの施策を講じた
13	礼拝の履行	神の怒りを鎮め、主イエスの恩愛に感謝するため、国王陛下主宰の礼拝を実施した
14	都市復興	都市再建に向け、土地・建物の測量、権利の確定、都市計画の認可などを行った

表5-1　フレイレによる震災直後の施策のカテゴリー（『1755年リスボン地震時の緊急施策』）

①　被災者の救助と支援
②　遺体の埋葬と伝染病の防止
③　治安の維持
④　食糧の供給
⑤　物価の統制
⑥　その他

以下、それぞれの施策を個々にみていこう。

① 被災者の救助と支援

現代社会において、災害が発生した場合、まずは被災者の救助、すなわち人命救助が最優先課題となる。その代表的な布告が、一一月一日に発布されたスペイン大使ペレラーダ伯の救助を命令する文書である。フレイレのカテゴリーにも「3 負傷者の救済」があり、ほかにも類似の命令が発令されたのかと思ったが、その内容は、救護所や野戦病院の設置、困窮者への慈善・救済活動の推進などが中心であり、緊急の人命救助といった観点での文書は見当たらない。ペレラーダ伯の救助命令は政治的背景も含んだ例外かもしれないが、命令の宛先は騎馬隊の隊長マリアアルヴァ侯である。これら以外にも、震災直後の公的文書には、軍隊の出動命令に関するものが多く、フレイレは「8 軍隊の招集」に分類して整理しており、これらの文書に含まれた内容であると考えられる。その際、軍隊に求められたのは、要人の救済に限らず、一般の人びとの人命救助も含まれていたものと思われる。また、一一月二日にリスボン高等法院長官のラフォエス公ならびに各教区の行政官に発した布告でも、人命救助に関する配慮について述べられており、公的文書を発布する以前に、被災者の救助は自発的に行われていたということであろう。現に、震災直後に被災者の救護に尽力したヒーローの記録や、病院では負傷者を治療し、各修道院では傷を負った人びとに住まいを供給するなどの救援活動を行ったという記録が多数残っており、あらためてポンバル侯が人命救助の命令を発する必要はなかったのであろう。フレイレの「3 負傷者の救済」のカテゴリーは、むしろ、「9 仮住まい支援」や「11 修道女の保護」と密接な関係があると思われる。震災直後というよりは、次の段階の施策として、被災者の救済にあたるさまざまな施策が実行されたと考えてもよいだろう。

② 遺体の埋葬と伝染病の防止

遺体の埋葬と伝染病防止に関する施策は、リスボン地震の特徴的な施策とみなすことができる。フレイレは、第一のカテゴリーとして「1 遺体処理と疫病対策」として取り上げている。遺体の処理というショッキングなカテゴリーであるが、これには埋葬方法といった宗教的な観点のほかに、公衆衛生の問題も含んだ重要な内容であった。現代的な感覚だと、震災によって犠牲になった遺体が誰のものであるのかを特定し、葬ることが最優先とされるだろうが、当時は、遺体が腐敗して公衆衛生を脅かす状況に陥らないよう、できるだけ早く埋葬することが求められた。[15]遺体の埋葬に関する最初の文書は、すでに二日の段階であった。高等法院長官ラフォエス公ならびに各教区の行政官に発された布告で、瓦礫の下から遺体を掘り起こして遠隔地へ運んで埋葬することを求めるとともに、遺体の埋葬のための法的整備を依頼している。また、同日、総大司教ジョゼ・マヌエル・ダ・カマラ・デ・アタライア(一六八六〜一七五八)に対しては、遺体の埋葬法について、水葬とすることに対する意見を求めるとともに、教会の儀式を迅速に行うよう指示する布告を発布している。これに対して、総大司教も肯定的な回答をしており、遺体の処理の問題を早急に解決しなければならないことは、共通認識であったことがわかる。地震による建物の崩壊で、市内には瓦礫に埋もれた多くの遺体が散乱していたのであろう。それをそのままにすることはできないという倫理的な発想以外にも、疫病の発生を恐れての対応であった。当時は、腐敗した遺体からの空気感染や、遺体の腐敗から生じる水の汚染によって、疫病が広がっていくと考えられており、ポンバル侯も疫病の流行という第二波の災害をなんとか防ぐためにも、早急な遺体の処理が最大課題だと考えていたと思われる。総大司教からの回答を得ると、翌三日に総大司教に対し、新たな埋葬法について、聖職者から民衆に対し、説得するよう依頼する布告をだしている。とはいっても、遺体の処理は、思うように進展しなかったようである。おそらく、埋葬の方法については、宗教的な問題も絡んでおり、伝統的な手法を重視する者も多くいたのであろう。その証拠に、五日には、ふたたび各修道院の高位聖職者に対し通達をだして、葬儀・埋葬の儀式の方法の変更を検討して、遺体の腐敗による大気汚染を防ぐよう命令している。この頃から、宗教的な問題以外に、遺体の腐敗による環境汚染の問題も現実味がおびてきたと思われる。七日にも通達をだして、遺体の腐敗を防ぎ、疫病の流行を防ぐための方策を探っている。この間、ポンバル侯は総大司教と遺体を海に投棄できるか協議していた。ポンバル侯は、状況を打破するためには、遺体の水葬（遺体は河に流す）が最適だと考えた。しかし、この方法は当時の慣習や教会の流儀に反したものであった。そのため、反対意見も強かったというが、実際に多くの遺体が艀（はしけ）に積まれてテージョ河から沖に流されたという。この施策は、都市衛生または公衆衛生といった観点から、きわめて先進的であった。これには、ポンバル侯の後任の在ウィーン大使であり、ポンバル侯が強い影響を受けたとされる『公衆衛生に関する論文』（一七五六）[16]の著者として知られる医師のアントニオ・ヌネス・リベイロ・サンシェス（一六九九〜一七八三）の影響があった可能性が考えられる。

③　治安の維持

治安の維持に関しては、フレイレは「5 盗難・略奪の防止と犯罪者の処刑」「6 テージョ河沿岸の管理」「8 軍隊の招集」の三項目に分けて取り上げている。災害が発生すると、日常の規律が崩れ、無法地帯となり、カオス化するのが一般的である。火事場泥棒が出現し、レイプが横行する場合もある。早急な都市復興のためには、規律を正常に保つ必要がある。そのためには、カオス化を未然に防ぐ必要があり、治安の維持が重要となる。その際、警察や軍隊への指示が不可欠となり、ポンバル侯の施策にも、この種のものが多数含まれていた。フレイレの分類はやや細かいが、「5 盗難・略奪の防止と犯罪者の処刑」と「6 テージョ河沿岸の管理」と「8 軍隊の招集」の三項目は、すべて治安維持に関する文書であるので、ここではまとめて扱うことにする。このうち、盗賊の処刑に関するものは、ポンバル侯のその後の強引な施策を彷彿とさせる手法であった。地震に恐れをなした市民は、着の身着のままで市内の自邸を離れた。豪奢な邸宅の多くが倒壊し、瓦礫の下には財宝が残された。また、被害が少なく、倒壊にはいたらなかった邸宅もあったが、住民のほとんどは命からがらに避難をして、無人となっていた。こうした状況で、取り残された財宝を略奪しようとする輩が現れたのであった。リスボン市内には、商人が多く住んでおり、かれらの邸宅には多くの金品が貯蔵されており、リスボンの場合、盗難の危険性はどの都市にも増して大きかった。地震直後のリスボンは、まるでカオス化しかかっていたとメンドンサも記録している。[17] このような現況を鑑みて、ポンバル侯は、さらなる盗難を防ぐために、盗人を厳罰に処した。一一月四日には、裁判所に対し、盗賊の捜査を行うとともに、市街地の要所に詰所を設け、衛兵を配置して検問を行うよう通達した。また、同日中に王令を施行して、窃盗や盗難を行った者を裁き、即刻、処刑することとした。さらに六日には、高等法院長官に対し、犯罪者の取り締まりの強化と迅速な法令の執行を求めるとともに、刑に処した犯罪者の遺体を人目にさらすよう命令した。その手法は、人びとに恐怖を与えて犯罪を防止するという、まさにのちのポンバル侯の政治手法と一致していた。そして、広場や丘上に絞首台が設置され、三〇人以上が処刑されたという。

ポンバル侯が目を光らせたのは、リスボン市内だけではなかった。リスボンの金品が港から諸外国に流れてしまうことをも危惧していた。また、この騒乱にかこつけて、諸外国が侵略してくることも想定し、その防御策を講じた。そのため、テージョ河の警備に関して、さまざまな指示をだした。フレイレは、こういった文書を「6 テージョ河沿岸の管理」に整理している。まずは、四日の布告で、河岸の警備の責任者を任命し、同時にテージョ河の船舶の航行を原則として禁止した。さらに、外国船籍の船舶の査察を命令し、国外への貴重品の持ち出しを防止し、発見した盗難品に関しては、押収記録をつけて、所有者に返還するよう命じた。ポンバル侯は、テージョ河の管理を重要視しており、四日の一二通の公文書のうち五通がテージョ河の防備に関係するものであった。また、全体でも市内の治安維持に関する文書が計九通であるのに対し、一八通という件数の文書を発行している。

④　食糧の供給

食糧の供給は、さらに重要な課題であった。フレイレは「2 飢餓対策」で取り上げている文書であり、合計二四通の公文書が作成された。最初の文書は、地震の翌日の一一月二日の布告で、パンを焼く窯を設置し、各市門に行政官を配して地方から運ばれてくる食糧を管理し、被災の程度に合わせて人びとに供給することを命じている。翌三日には、食糧の輸送の方法、海産物に対する免税措置、穀倉の厳格な管理など計三件の文書を発布している。四日には、さらにリスボン市内の食糧事情が悪化したとみえ、全一二件の公文書のうち、五件が食料の運搬・供給に関するものとなっており、国中に通達し、リスボンに食糧を送るよう手配した。

⑤ 物価の統制

物価の統制に関しては、フレイレは特に項目としてはあげてはいない。しかし、「2 飢餓対策」に分類した文書にも、「14 都市復興」のなかの文書にも、政府によって価格統制を行う内容の文書がある。当然、需要と供給の関係で、供給量が少なくなった際、それを求める人びとが多ければ多いだけ価格は高騰することになる。これに乗じて、買い占めを行い、通常の何倍もの価格で取引を行う輩もいる。こういった状況が蔓延していけば、市民は生活に困り、復興どころではなくなる。そのために、政府は物資の価格の高騰を防止しなければならない。特に、生活必需品は正当な価格で取引できるようにする必要がある。こういった考え方は、現代社会では当然のようになりつつあるが、ロンドン大火後の再建時でも問題視されてはいたが解決できておらず、ポンバル侯の施策は、より近代的であり、画期的なものであったと評価できよう。当初は食糧に関しての価格統制であったが、やがて都市復興に不可欠な建設資材の価格統制にまで広げられていった。

⑥　その他

上記がポンバル侯の緊急施策の概略とまとめることができるが、これ以外にも、いくつかの特徴的な施策がみられる。最初に、ポンバル侯は軍隊に大きく依存していた点があげられる。フレイレは、それらの文書を「8　軍隊の招集」のカテゴリーに整理している。それらの公文書の多くは、震災直後に集中しており、震災直後の混乱の解決に、軍隊の力を借りようとしていたことがわかる。もちろん、軍隊には被災者の救助作業や治安維持の役割も求めており、それらの一部は、①被災者の救助と支援や③治安の維持に分類されるものもある。

もう一点、ポンバル侯が意識していたことに、諸外国からの脅威があったことがあげられる。ポンバル侯は外交官の経験があったためか、外国の動向を強く意識していたようである。フレイレが「7　周辺地域の救援」として取り上げた文書でも、地震で被害が激しかった周辺地域を救済するのは、地域の弱体化から諸外国が侵略する口実をつくらせないための施策でもあった。一一月五日にだされた布告で、アルガルヴェとセトゥーバルに軍を派遣するよう命じているが、要所と考える地域の防衛を固めるねらいもあったものと考えられる。

さらに特徴的なのは、宗教に関するものである。フレイレの分類では「10　教会聖務の再開」「11　修道女の保護」「13 礼拝の履行」の文書があげられる。これだけでも、全二三三文書のうち八五文書と、三分の一以上の割合を占めている。カトリック国家としてのポルトガルと、ポンバル侯の教会改革が影響した結果であろう。

ほかに、フレイレの整理した緊急施策に関する文書では、「9 仮住まい支援」「12 諸施策」「14 都市復興」に分類された文書があるが、このうち、「12 諸施策」に関しては、ほかのカテゴリーにあてはめにくいものが掲載されている。また、「9 仮住まい支援」「14 都市復興」に分類された文書は、復興のための施策ともいえる。これに関しては、緊急施策とは分けて、都市復興のための施策として後述するものとする。

3 被災調査

ポンバル侯は、地震後、災害調査を実施している。これは、災害直後のさまざまな画期的緊急施策の次の段階の展開として重要であった。災害調査の目的は、もちろん災害の状況を把握し、復興支援策を実施するための基礎データを集めるためのものであったのは当然であるが、リスボン地震はどういったもので、どの地域にどのような被害を及ぼしたかを把握する学術的な色合いも強く、近代地震学の発展といった観点からも重要な調査であった。

一七五六年一月二〇日、ポンバル侯はポルトガルの司教たちに向けて、管轄する教区の司祭に対し、地震被害に関する質問状を送付することを依頼した。[18] 質問内容は、下記の一三項目であった。

1　一一月一日の地震は、何時に始まったか、そして、どれくらいの間続いたか？
2　振動がどの方向からどの方向に揺れているかを認識することは可能であったか？　たとえば、北から南、またはその逆、またはある方向からある方向に破壊していったなど。
3　各教区で、どの程度の数の建物が破壊され、注目に値する建物はあったか？　また、その状態はどういうものであったか？
4　誰が死亡したのか？　また、遺体は誰なのかを認識することができたか？
5　海、泉、河川で、どのような新しいことが観測されたか？
6　最初に海は後退したか？　それとも上昇したか？　また、通常よりどの程度（何パルモス）上昇したのか？　何度、後退と上昇を繰り返したか？
7　地割れは生じたか？　もし、生じたのなら、水は湧きだしたか？
8　地震直後、それぞれの場所で、教会、軍隊、役人によって、どんな対策が実施されたか？
9　一一月一日以降、どんな地震が起こったか？　それはいつか？　また、その被害状況は？
10　ほかの地震を覚えているか？　それらはどんな被害をもたらしたか？
11　各教区でどの程度の人が生存しているか？　カトリック教会で懺悔している人の数は、それぞれの男女比は？

12　食糧不足が起こったか？

13　火災があったなら、どれくらい続いたか？　どのような被害をもたらしたか？

この質問内容をみると、調査は被害状況の把握にとどまっておらず、地震動や地震時の変化などの問題にまで及んでおり、初期の地震学ともいえるものであった。しばしば、リスボン地震は近代地震学のきっかけとなった出来事であり、ポンバル侯の調査は、その嚆矢(こうし)であったとされるが、実は、地震直後に類似の調査がスペインで行われており、ポンバル侯の発案ではなかった。これに関しては、すでに述べたが、スペイン国王フェルナンド六世が一一月八日付で地方自治体に対して、地震の被害に関する調査を実施している。

フェルナンド六世による調査の質問項目は、以下の八項目であった。

1　地震を感じたか？

2　いつ始まったか？

3　どの程度続いたか？

4　床、壁、建物、泉、河川の動きはどうであったか？

5　建物の被害は？

6　人や動物の死傷者はあったか？
7　ほかの報告に値することがあるか？
8　地震の予兆はあったか？

二つの調査項目は、非常に似ている。おそらく、ポンバル侯は、フェルナンド六世の調査を知っており、質問項目も参照したのであろう。そして、より詳細な内容を加え、各教区の司祭に対して、質問をしたのであろう。

残念ながら、ポンバル侯の実施した被災調査の結果は明らかになっていない。もしも調査結果が残っていたなら、正確な被災者数をはじめとし、統計的なデータが入手できたはずであるが、そういった資料にはなっていない。しかし、これだけ大掛かりな調査を実施したのだから、ポンバル侯はその結果をなんらかのかたちで利用したに違いない。

4　諸外国の対応

国際都市リスボンには、各国の貿易商や外交官が住んでおり、かれらの手紙によって、母国にもリスボンの惨状がすぐに報告された。そして、リスボン地震の惨事について、世界中に情報が広まった。

世界各地で、この悲惨な出来事に対して、神への祈りの儀式が催されるとともに、宗教上の議論が繰り広げられ、やがてそれは科学上のテーマとしてとらえられるようになった。

それとは別に、リスボンの惨状に対して、各国からさまざまな支援の申し出があった。たとえば、隣国スペインからは、国境にある税関を開き、生活必需品に対する関税を撤廃するという救援施策の提案があった。また、ハンブルクやオランダからは具体的数量を記した建設資材の援助が書簡で示された。ジョゼ王は、最初、これらすべての申し出に対し、かたくなに拒否した。これは当時の、外交上の問題が大きく絡んでいたためであり、王妃マリアナの母国スペインからの救援策も、この段階では断った。のちに、正貨で三万三七五〇ポンド相当の援助を受けることになるが、震災直後には、こんな状況であっても、各国との関係を崩したくはなかったようである。こういった事情で、関係が微妙であったフランスからの救援の申し出は、やんわりと辞退したという。[19] 唯一、受け入れたのは、イギリスからの支援であった。同盟国のイギリスの支援は手厚かった。イギリスでは、一一月二四日に第一報が伝わり、世界経済の観点からもたいへんな事態に陥ったと認識し、すぐに救済しなければならないという気運が高まった。一一月二八日にはジョージ二世が国会に「速やかで、かつ効果的な援助」を求めた。国会はそれに応えて、すぐに現金一〇万ポンドと牛肉やバター、小麦粉といった食料品、衣類、その他生活必需品を送付することを決定した。[20] そして、一七五六年二月末、最初の一六隻の救護船が護衛船を従えてリスボンに到着している。[21]

第6章 復興に向けて

1　ポンバル侯の課題

リスボン復興にあたり、ポンバル侯には課題が山積みであった。それ以前に、ポンバル侯が宮廷に登用された段階で、すでにポルトガルは大航海時代の黄金期のピークは過ぎており、世界的地位においても国内政治においても、陰りがみえていた。

とはいっても、ジョアン五世の時代には、まだポルトガルの斜陽は歴然と表れているわけでなく、大航海時代の栄華に暗雲が漂っていたとはいえ、それまでの貯金でなんとか食いつないでいるといった状況であった。事実、ジョアン五世は国の財政的手腕や近代国家への先見の明は皆無であったが、芸術・文化といった面では、ポルトガルの水準を大きく向上させている。しかしジョアン五世の晩年は、体調を崩したこともあり、芸術・文化面での成長も停滞することになり、ポルトガルの国力は明らかに下降線をたどり、国力にそぐわない芸術・文化への出費は、国の財政を逼迫させ、財政的観点からは限界に達していた。そのため、ジョゼ一世の即位は、結果として、ジョアン五世時代の虚構の栄耀の終焉を意味していた。それにもかかわらず、ジョゼ一世は、父王と同じかたちで国主として君臨しようとしていた。この状況に、国内で生活を続ける者たちは、大航海時代の栄華に奢りをもち続け、なんの行動も起こそうとはしなかったが、エストランジェイラード、すなわち、外国生活を経験し、ポルトガルを外から冷静な目で眺めることができた者たちは、ポルトガルが後進国に落ちぶれた事実を自覚し、改革が必要と感じていた。それを一番感じていたのが、イギリス、オーストリアでの外交官経験で、外からポルトガルをみることができたポンバル侯であり、ポルトガル宮廷でかれが登用された要因はそこにあった。

すでに述べたように、リスボン地震が発生した際、ポンバル侯は外務・陸軍担当国防秘書官の地位にあった。このポストに任命されたのは、ジョゼ一世の即位直後の一七五〇年八月二日のことで、地震が発生した際、わずか五年しか経っていなかった。この五年間でのポンバル侯の活躍は、まだ目にみえるかたちとして表立ってはいなかったが、リスボン地震を契機に、ポンバル侯の発言力は増し、率先してかじを切っていくことになる。

ポンバル侯が第一に取り組むべきと考えたのは、国内の経済改革であった。ポルトガルは依然として、大航海時代以来の植民地に頼った経済政策をとっていた。リスボンの繁栄は、一六世紀に築いたアジア、アフリカ、南北アメリカ大陸の植民地に依存するもので、特に、西アフリカの奴隷貿易、金やダイヤモンドの輸入、砂糖貿易、極東の香辛料やインドの胡椒の貿易などを中心とするものであった。しかし、一八世紀には、奴隷貿易は人道的観点から需要がなくなると同時に、砂糖や香辛料の取引も振るわなくなった。幸運にも一六九三年に植民地のブラジルで金鉱が発見されたことによって、なんとかしのぐことができたものの、金の採掘もピークは一七二〇年代から一七五〇年代までであった。つまり、リスボン再建はブラジルからの金に頼らざるを得ない状況であったが、それも先細りの状況であった。また、一七世紀後半からは、イギリスがポルトガルの植民地経済に介入してきており、その結果、イギリスに対する貿易赤字が膨らんでいった。そして、何よりも、ヨーロッパ諸国もポルトガルと同様の植民地政策を展開するようになり、いち早く植民地開発に乗り出していた優越性はもはや失われつつあり、その優越性に胡坐(あぐら)をかいていたポルトガルは、近代化の遅れという負の遺産を背負うことになった。

他方、イギリスなどの国力を増大しつつある国々は、産業革命によって国内の工業力を増進させていた。在イギリス大使としてこの状況を把握していたポンバル侯は、自国の産業の発展のため、工業の発展を目指した。ポルトガルでは、すでに約一世紀前に、ペドロ二世(在位一六八三〜一七〇六)の蔵相エリセイラ伯(一六三二〜九〇)によって、国内工業の促進が叫ばれていたが、努力をしなくとも植民地貿易から多額の収益を得られていたために、なかなか根づかなかった。ポンバル侯は、ポルトガルの経済改革のためには、それを取り巻く社会の構造改革が必要と考えた。それまで商工業の権利を独占していたのは貴族たちであったが、その活性化には貴族以外にもブルジョアジー(しばしば「新キリスト教徒」と呼ばれることもある)の台頭が必要とみなし、その育成をはかった。そして、新興の商人であるブルジョアジーにも貴族と同様の権利を与え、新キリスト教徒の差別を禁止するなど、ブルジョアジーの保護・育成を行った。また、ブラジルの植民地貿易からイギリス商人を排除しようとした。地震直前の一七五五年九月には「商業評議会」を立ち上げ、商業・貿易・工業・海運を扱う国家権力をバックとした独占会社を創設した。その例として、諸外国からの評判が高かったポート・ワインの輸出に目をつけた「アルト・ドウロ葡萄栽培農業総合会社」(一七五六年設立)や、ポルトガル南部の漁業を独占的に扱う「アルガルヴェ王立漁業総合会社」(一七七三年設立)があげられる。また、植民地に関しては、ブラジルの綿花やカカオの生産を促進する「グランパラ・イ・マラニャン会社」(一七五五年設立)や「ペルナンブーコ・イ・パライーバ会社」(一七五九年設立)を創設した。しかし、一七六九年からの不況にあっては、植民地貿易が不振に陥り、ブラジルの砂糖輸出量が急速に下落し、金の生産量も急落したこともあって、ますます国内の工業化の必要性が高まり、経済政策も方向転換をはかる必要があった。

ポンバル侯の第二の課題は、社会改革であった。経済改革を実施するためには、新たな枠組みが必要であることは当然であるが、その障害となるのは旧体制の組織の反対であったことはいうまでもない。当時のポルトガルでは、伝統的に権力をもっていたのは貴族であったが、ほかにさまざまな既得権を有し、影響力をもっていたのが教会であり、聖職者たちであった。かれらは直接みずから商取引を行うことはなく、当時の交易はユダヤ系のイギリス人商人の独壇場であった。ポルトガルの貴族たちは、ユダヤ系イギリス人に関しては寛容であったが、新興のポルトガル人商人、すなわち、ブルジョアジーたちの台頭については、神経質なまでに恐れていた。しかし、ポンバル侯はブルジョアジーによる経済再生はポルトガルにとって不可欠であると考え、そのために貴族から世襲の財産と職務を取り上げ、ブルジョアジー中心の社会への改革を断行しようとした。これに対するイエズス会の抵抗は、きわめて強烈であった。特に、ユダヤ系ポルトガル人に対しては、イエズス会の異端審問所の権限を利用して、徹底的な迫害を続けていた。他国の人たちからは時代遅れともみなされた火あぶりの刑も、日常的に行われているような状況であった。ポンバル侯は、それを解決するために異端審問所の権限を剝奪する必要があると考えた。そして、それが最終的には一七七三〜七四年の異端審問所の再編につながり、裁判に関する権限を教会から奪い、国王の管轄下に移管させた。これらの改革を実施しようとすると、当然、既得権を有する者たちからは反発がある。それに対し、ポンバル侯はしばしば強引な手法を用いることになり、それがのちのち批判の的となった。こういった社会背景は、リスボンの再建にも少なからず影響を与えた。リスボン再建は、既存の都市構成を改め、同じ場所に新しく都市を築く方法で実施されるが、その際、既得権者の中には反対する者も多くいたと思われ、なかなかすすまなかった。リスボンを再建するためには、まずは社会改革が必要であり、それに手間取ったため、再建は簡単には進展しなかった。

それ以外にも、ポンバル侯は、黒人奴隷の解放を断行した。その際、ポンバル侯は、反対者を抑圧し、場合によっては処刑するなど、荒っぽい手法を多用した。イエズス会との対立（一七五九年にイエズス会士を国外追放）は、教育改革にもつながった。イエズス会の教育を真っ向から否定し、イエズス会の教えに基づいたエヴォラ大学を廃止した。一方でコインブラ大学では、多数の外国人研究者を招聘し、カリキュラムの改革を行って、実験に基づいた近代科学を取り入れ、自然科学や実学に力点をおいた教育を強化した。また、高級官僚の育成や中産階級のための学校を設立するとともに、初等教育の重要性を認識し、全国に初等教育学校を設立している。

これらの社会改革は、リスボン再建と同時進行で行われた。ポンバル侯は、反対する貴族や教会の権威を力ずくで失墜させ、土地・建物を略奪した。こうして入手した土地によって、リスボン市内には都市計画上の余裕ができ、インフラの整備など、近代都市の建設を容易にすすめることができるようになった。このようにポンバル侯はいくつもの大きな社会改革を行わなければならなかったのにもかかわらず、登用されてたった五年後にリスボン地震が発生した。そして、大震災によって壊滅状態に陥った首都リスボンの再建と社会改革を同時に実施していくことになった。[1]

2　理想の都市像

ここまでは、リスボン再建に与えた影響を社会的背景の問題というソフト面から検討してきたが、次に、ハード面から影響を与えたと考えられる当時の都市計画や建築界に話題を移したい。そこで、まずは当時の建築界の概要を整理しておく。

一八世紀の建築界を理解するためには、ルネサンス建築にまでさかのぼる必要がある。中世末期の一五世紀に、イタリアのフィレンツェで興ったルネサンス建築は、一六世紀にはローマに伝わり、さらにヨーロッパ各国へと伝播していった。ルネサンス期の到来とともに、建築設計の分野では古典建築が理想の姿という考えが強まり、その建築美の根底にあった左右対称性、規則性、プロポーション（比例）を規範とする新たな造形が成熟してきた。そして、その造形美を実現するためには、芸術的感覚と技術的素養を身につけた万能人が必要とされた。それが建築家（アーキテクト）であった。建築の分野で開始された新しい設計の手法は、単体の建築にとどまることなく、都市にまで広がっていった。

一七世紀には、ルネサンス建築から派生したバロック建築が誕生し、絶対王政の世を背景に広まっていった。バロック建築とは、厳格に古典様式を復興しようとしたルネサンス建築に対し、それをやや崩しながら、より豪奢で、ダイナミック（動的）な要素をも組み入れようとした建築様式である。特に、絶対王政時代の宮殿に用いられ、貴族の邸宅へと伝わっていった。そして、バロック建築の概念から理想都市に関する理論が発達し、実際にこれらの理論に基づいた都市が築かれた。これらは「バロック都市」と呼ばれる。こういったバロック都市の最初の例が、ローマ教皇シクストゥス五世（在位一五八五〜九〇）によるローマの都市改造であった。またフランスでは、ルイ一四世（在位一六四三〜一七一五）によってパリが大改造され、ヴェルサイユには宮殿を核とする幾何学にもとづく計画都市が建設された。

こういった背景で、建築家（アーキテクト）たちは理想都市を求めて、みずからのアイデアを温めていった。そして、建築家たちは空間の演出に力点をおき、さまざまな定型的な手法が誕生した。そのひとつが都市広場の利用で、バロック都市ではところどころに広場が設置され、そこから放射線状に延びる太い道路で、視覚的広がりをもった大胆な空間が創出されるとともに、広場に設けられたモニュメントがアイストップとなり、空間のシーナリー（場面性）が演出された都市が創出された。これらの手法は世界中に衝撃を与え、各国でバロック的都市が完成し、中世的な構成の都市は、次々と生まれ変わっていった。[2]

他方、大航海時代の訪れによって、植民地にも新たに都市が建設されるようになる。その際、建築家たちは自分の理想の都市理論を植民地で実践したいと考えたことは言うまでもない。では、実際の植民地建設は、どのように行われたのだろうか。植民地の都市建設は、建築家が理想を追求するというより、むしろ統治を安定させる軍事拠点を建設するほうに重きがおかれた。そのため、植民都市の計画は、築城技術や要塞建設の技術に長けた軍の技術者が担当するのが一般的であった。ポルトガルの場合、軍は軍事施設の建設を専門とする技術者を抱えていた。

ただし、これらの技術は世界的に一様ではなく、大きな相違があった。大航海時代の植民地政策のパイオニアであったポルトガルとスペインの植民都市建設には、大きな相違があった。ポルトガル人が侵略していった地域は、港のそばに城壁や要塞を築く程度のものが多く、新たに都市を建設することはほとんどなかったが、スペイン人は内地に新たな植民都市を積極的に建設していった。スペイン人の建設した植民都市は、グリッド・プラン、すなわち格子状の整然とした街路からなる計画都市となることが多かった。たとえば、カナリア諸島のカンデラリア、北アメリカ大陸のメキシコ・シティ、キト、カラカスなどが、その例としてあげられる。グリッド・プランは古代ローマから用いられたオーソドックスな手法であり、大航海時代に限らず、機能的で整然としたひとつの理想都市として目標とされた計画であり、特に、軍事技術者がもっともよいと考えた姿であった。

こういった背景を考えると、リスボン再建には、大きく分けて二つの選択肢があったと考えられる。ひとつは建築家（アーキテクト）による建築理論にもとづいた理想都市の建設であり、もうひとつは軍事技術者による機能的な都市の建設であった。実際には、リスボン再建は後者の方法で再建計画が練られることになるが、前者の提案がまったくなかったわけではない。

リスボン地震が起こった一八世紀、建築家にとって、都市全体をデザインすることは理想の仕事で、夢でもあったことはいうまでもない。また、人びとも、偉大な建築家による都市計画を望んでいた。たとえば、イギリスでは一八世紀半ば、一六六六年のロンドン大火後にクリストファー・レンが作成したとされるロンドンの再建案の都市計画図が解説とともに複数刊行された。そして、大火直後にはまだ駆け出しの若き建築家であったが、のちにイギリスを代表する偉大な建築家となったレンの都市再建案が実現できなかったことを悔やむ世論が形成されている。これは、一八世紀にはひとりの才能ある建築家が都市をデザインすることを理想とする考え方が存在していたという証拠であろう[3]。

こう考えると、リスボン地震を知って、リスボン再建に強い興味をもった建築家が登場しても不思議ではない。そのひとりが、若きロバート・アダム（一七二八〜九二）であった。ほかにも、リスボンの惨事を知り、新たな都市計画を提示しようとする建築家はいたと思われるが、その計画が明らかになっているのはアダムだけである。ロバート・アダムは、スコットランド出身のイギリス新古典主義建築を代表する建築家として知られる。フランス、イタリアで大陸の新建築を学び、それをイギリスで展開していった。多数の貴族住宅を建て、「アダム・スタイル」と呼ばれる独自の建築様式を確立した。特に、デザイン能力に長けており、新古典主義建築にピクチャレスク的要素を組み込んだ。建築ばかりでなく、多数のインテリアにもかかわり、イギリス建築界に大きな影響をもたらした。非常に野心的な人物であり、王室建築家の一員にまで上り詰めるが、ロンドンの再開発事業への投資に失敗し、晩年は穏やかな日々を過ごした。アダムは、建築家として名声を得る前の一七五四年一〇月三日、弟ジェイムズ・アダム（一七三二〜九四）とともにローマへグランド・ツアーに旅立った。イギリスに戻ったのは一七五八年であり、リスボン地震を知ったのは、ローマ滞在中の一七五五年一二月頃のことだった。

アダムは、リスボン地震の報を聞いた際、最初は驚くばかりであったが、ヴォルテールらの議論を聞くうちに、リスボン再建のための宮廷建築家として任命されることが天命だと考えた。一七五六年四月二三日付のエディンバラの家族に宛てた手紙に、アダムは次のように記している。「たとえ、私が意思を表明するのが遅く、実際に選ばれなかったとしても、自分がその重要な役割の候補者であったということを世間の人が知ることは、限りなく私のためになるでしょう」。ここで、アダムはリスボン再建を歴史的にみても重大な事業と考えたことがわかる。さらに、「千にひとつも起こらないだろうチャンスに、私は興奮しています。お世辞をいうつもりはありませんが、宇宙でもっとも立派な若き国王に、新たな都市をまるごと建設するチャンスを与えられることは、非常に名誉なことです。この計画によって、私の構想が数年の間で、実際にかたちになり、未来に残ると考えるとなおさらです。」

と書いている。[4] アダムは、どうしてもリスボン再建に取り組みたかったようだ。アダムは、スコットランドのつてを頼りに、ホープトゥン伯爵（一七〇四〜八一）[5]やスタンホープ卿（一七〇二〜七二）[6]に支援を依頼した。留学仲間のスコットランド人画家アラン・ラムゼイ（一七一三〜八四）の勧めで、「どのような計画を考えているかを伝えるために」、アダムはアーガイル公爵（一六八二〜一七六一）[7]に手紙を書いたという。[8]

アダムの構想については、ロンドンのサー・ジョン・ソーン博物館に九枚の図面やスケッチ類が残っており、概要が明らかになっている。そのうち、都市計画構想メモ［図6-1］と鳥瞰スケッチ、アイデア・スケッチ［図6-2］をみると、アダムがイメージした新生リスボンの全体像がわかる。ここで示された案は、テージョ河岸に向かって開く円形（もしくは楕円形）の入江を人工的につくり、そこに中央軸を通した厳格な左右対称の構成をとる。入江から上陸すると、そこには中庭をもった建築群が左右にひとつずつ配置され、その奥は半円形の広場（クレッセント）となる。ここには、貴族の邸宅とブルジョアジーの邸宅がゾーニングされて配置されている。この計画には、ピラネージ（一七二〇〜七八）[9]やベルニーニ（一五九八〜一六八〇）[10]の影響が指摘されている。[11] たしかに、入江を中心軸に配置する手法は、ローマのサン・ピエトロ広場（一六五六〜六七年建設、サン・ピエトロ大聖堂の楕円広場）を彷彿とさせる。また、同時期のローマには、類似の計画がほかにもあったことは事実である。[12] ローマで建築を学んでいたアダムにとって、当然、そういった影響があったのであろう。一方で、この構成は、

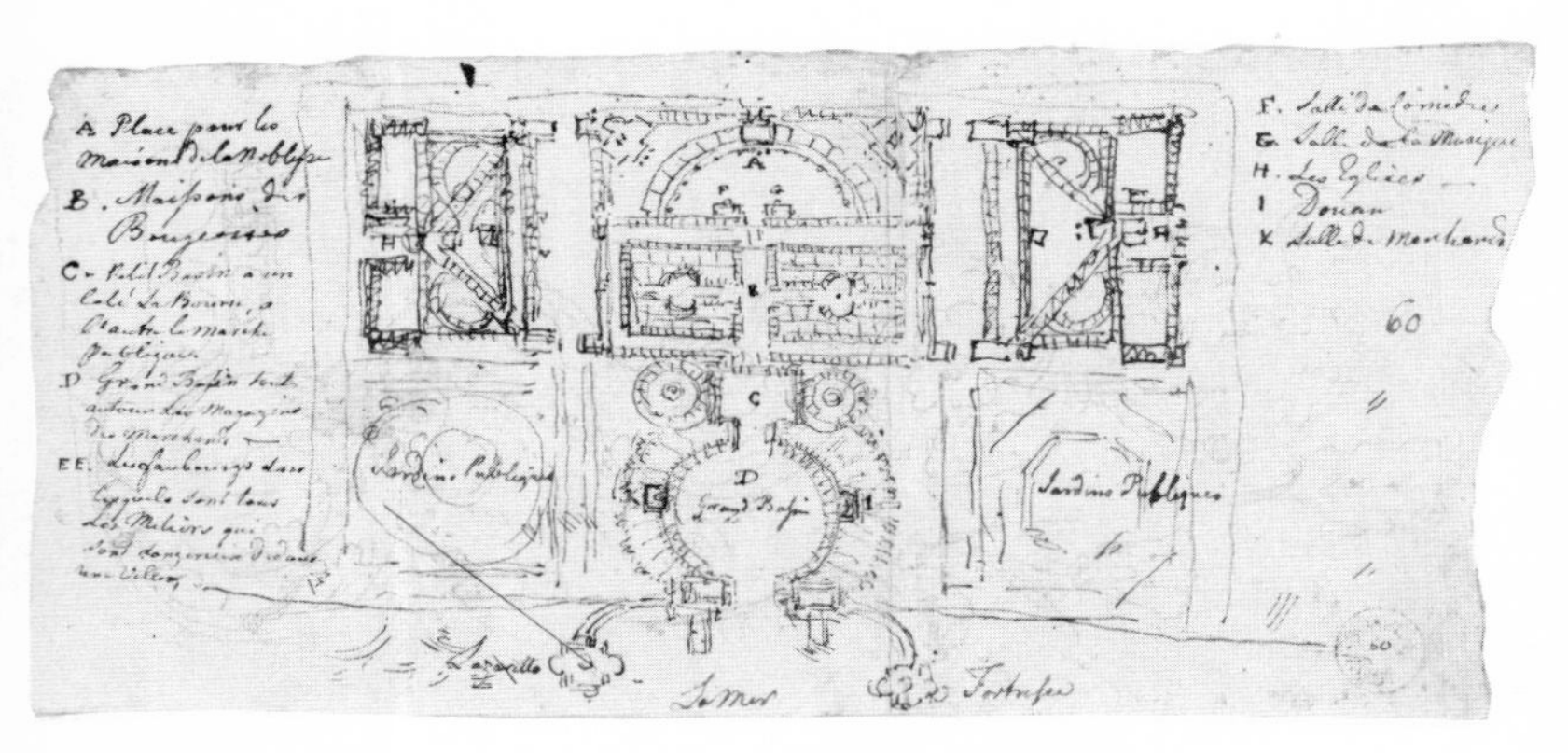

図6-1　ロバート・アダムによるリスボン再建案（都市計画構想メモ）

図6-2　同、アイデア・スケッチ
2点とも、©Sir John Soane's Museum, London. Photograph by Hugh Kelly.

クレッセント（三日月型広場）、スクエア（矩形広場）、サーカス（円形広場）を一直線に並べた構成ともとれる。これは、イギリスのバースの都市計画でウッド父子（父一七〇四～五四、子一七二八～八一）が用い、その後、イギリスで広く流行したイギリス新古典主義の都市計画の常套手段となったものである。[13] アダムのリスボン再建案での発想は、のちにイギリスで開花することになる。いずれにせよ、アダムは都市内の集合住宅に幾何学形態を取り込もうとするアイデアを、実現したかったのであろう。アダムはこの計画案を、リスボンを訪れずに描いたわけだが、実に大胆で興味深い。もう少し、現実のスケールに合わせて計画できたとしたら、どのような計画となったのであろうか。もし、リスボン再建計画をポルトガル人以外の一八世紀の建築家に依頼したのであれば、どうなっていただろうかなどと考えたくなる。

3　ポルトガル建築界

一八世紀前半のジョアン五世の治世は、ポルトガルの文化・芸術に大きな進展があった時期であったことは、すでに述べた通りである。では、そのなかの建築界はどうであったのだろうか。少し時代をさかのぼって整理しておく。

中世以降、ヨーロッパの建築界は、時間差はあったものの、ほぼ同じような発展の過程をたどるが、ポルトガルの場合、ほかの国々の建築史とはやや異なった歩み方をした。それは一三世紀半ばのレコンキスタ以前にイベリア半島を支配していたイスラム文化が、中世建築に大きな影響を与えていたからである。ポルトガルの建築からイスラム色が薄れ、西欧化するのは、一六世紀になってからである。この時期、ほかのヨーロッパ諸国ではルネサンス建築が流行し始めるが、ポルトガルでは大航海時代の訪れとともに、ようやくヨーロッパ的な建築が出現するようになる。これがマヌエル様式と呼ばれる建築で、ポルトガルの繁栄を表現する建築であるが、建築様式としてはやや時代遅れであり、ヨーロッパの中世後期の様式、つまり後期ゴシックの一様式であった。一七世紀になると、ポルトガルにもやや遅れてルネサンス建築が姿をみせるようになり、一八世紀初頭、すなわち、ジョアン五世の治世に入ると、ヨーロッパ各国と比べても、見劣りしない豪奢なバロック建築が建てられ、建築界は大きな進展をみせる。ただ、これらは外国の建築家たちの手によるものがほとんどであり、そのもとでポルトガル人職人が修業を積んでいった。ポルトガル人建築家が独り立ちするには、もう少し時間が必要であった。

地震直前、すなわち、ジョアン五世時代のポルトガルの代表的建築として、まずはマフラ宮殿（一七一七～五五建設）［図6‐3］があげられる。これはフランシスコ会の修道院を併設した離宮で、スペイン王室の宮殿であり修道院を包含したマドリッド郊外のエル・エスコリアル（一五六三～八四年建設）を

図6-3　マフラ宮殿
（マフラ、1717～55年建設、現存）

模して、建設されたという。当時、ポルトガルで最大規模の建築であった。設計はオーストリア人建築家ヨハン・フリードリヒ・ルードヴィッヒ(葡:ジョアン・フレデリコ・ルドヴィツェ、一六七三～一七五二)によるもので、当時、ヨーロッパで流行していた最新のバロック様式で建設された。一七一七年の着工から継続的に工事が続けられ、その建設現場では二万～五万人の労働者が、約六〇〇〇人の軍人の管理下、聖堂、宮殿、修道院、病院、ライブラリ、チャペルなどの建設に携わったという。[14] この長い工期は、ポルトガルの建築家、技術者、彫刻家、その他の職人や芸術家の研鑽の場となった。また、コインブラ大学のジョアン五世図書館(一七一七～二八年建設)[図6-4]も、列強諸国にまさるとも劣らない優雅な建築で、ポルトガル・バロックを代表する建築であった。

ジョアン五世治世下のポルトガル建築で、欠かすことができないのが、リスボン市内に安定した水を供給するアグアス・リヴレス(水道橋、一七三一～九九年建設)[図6-5]である。この構造体は、最新

図6-4 ジョアン5世図書館
(コインブラ、1717～28年建設、現存)

図6-5　アグアス・リヴレス（リスボン、1731～99年建設、現存、下）とその版画（B. ブラック作、T. ボールズ版画、18世紀、上）

の建築様式が導入された建築（アーキテクチャー）としての観点とは別に、当時のポルトガルの建築・土木技術の水準の高さを示す例であり、リスボン地震の際も、無傷で残った。アグアス・リヴレスは、クストディオ・ヴィエイラとマヌエル・ダ・マイアによって設計された。シントラのマエ・デ・アグア・ヴェルハからリスボンのアモレイアスまでを結び、アマドーラ、オディヴェラス、オエイラスといった都市にも達する総長五八キロメートルの公共の水道橋である。この水道橋によって、リスボン近郊に水道ネットワークが構成された。水道橋は地元産の切石と石灰石で構成され、最高六五メートルの高さにまで達するゴシック風の尖頭アーチからなる。建設から、二〇〇年以上も経った現在でも用いられている一八世紀を代表する工学的成果である。[15] マフラ宮殿やコインブラ大学のジョアン五世図書館が、バロック建築家による建築美の傑作であるのに対し、アグアス・リヴレスは、機能的で技術力の高さを示した傑作である。こういった事業に携わり、技術を身につけたポルトガルの技術者や職人たちが、リスボン再建の中心となっていった。[16]

上記の通り、ポルトガルでは「建築（アーキテクチャー）」の歴史は浅かったかもしれないが、建築技術に関しては独自の発達があり、その水準も決して低くはなかった。その背景には、軍事技術があった。大航海時代の植民地の統治といった観点から、城郭や要塞の建設は不可欠であり、建築に関しては、芸術性というより構造や技術といった観点を中心に発達してきた。当然、一般の公共建築も、建築技術に長けた軍事技術者がかかわってきたが、ポルトガルに建築（アーキテクチャー）の概念が入ってくるとともに、軍事技術者たちが建築家（アーキテクト）として、建築の設計を担当することになっていく。

4　ヴォーバネスク様式

当時のヨーロッパ各国の宮廷には、お抱えの建築家がおり、平時から宮廷（王室）の建造物の造営や修復に携わるのが一般的であった。[17] しかし、ポルトガル宮廷には、そういった役割を果たす建築家（アーキテクト）は存在しなかった。ただし、リスボン再建時に、「建築家（アーキテクト）」という肩書がみられるようになるので、正確にいうと、リスボン地震発生時またはその直前には、宮廷（王室）建築家はいなかった。また、当時の自治都市のなかには、都市内の仕事を一手に引き受ける建築家を有しているところもあった。たとえば、ロンドンにはシティ（ロンドン市）の建築家（「シティ・サーヴェイヤー」という名称）が伝統的におり、ロンドン大火後の再建では、市参事会の依頼で、王室建築家とともに、具体的な再建に取り組んでいる。リスボン市には、そういった建築家もいなかったようだ。一八世紀の前半、ジョアン五世がパトロンとなって、ポルトガルにバロック建築がもたらされるが、それらの設計にあたったのは、主として外国人建築家であり、建築（アーキテクチャー）を設計するポルトガル人建築家（アーキテクト）は、まだ確固たる地位を築いているとはいえない状況であった。たとえば、マフラ宮殿もオペラ劇場も隣国から招聘した外国人建築家の設計であった。そうなると、外国から著名な建築家を招聘して、都市計画を立案させるという手もあったと考えられるが、リスボンを再建するにあたり、ジョゼ王とポンバル侯、さらにはリスボン市参事会のメンバーの頭には、そういった考えはみじんもなかった。最初から、リスボンをよく知り、震災前の都市としての問題を知りつくしたポルトガル人に、その役をまかせようと考えていたようである。

当時のポルトガルにおいて、建築の専門家は建築家（アーキテクト）のみではなかったことは、すでに述べてきた通りである。軍隊の建築技術者が公共建築に携わるのが、大航海時代からのポルトガルの伝統であった。そのため、軍には、豊富な経験と知識を持ち合わせた技術者が多数いた。また、建築技術者の育成も、植民地政策の一環として行われており、「要塞・軍事建築学校（アウラ・デ・フォルティフィカサーゥン・エ・アルキテツーラ・ミリタール）」という軍事建築の高等教育機関もあった。このように、ポルトガルでは、建築家（アーキテクト）といった概念は新しく、むしろ軍事技術者（エンジニア）のほうが、ずっと信頼されていたと考えられる。こうした軍事施設を建設する際の技術をもとにした建築は、しばしば「ヴォーバネスク様式」または「軍事建築様式」と呼ばれる。

震災復興計画の立案にあたって、第一に名前があがったのが、当時、ポルトガル王室の主任技術者の地位にあったマヌエル・ダ・マイア（一六七七〜一七六八）［図6-6］であった。マイアは、経験豊富な軍事技術者であり、リスボンの軍事建築の高等教育機関であった要塞・軍事建築学校の校長でもあり、軍の肩書として「司令官（ジェネラル）」を有していた。また、前述の地震でも倒壊しなかったアグアス・リヴレス(水道橋)の設計にも携わるなど、公共建築の設計にも実績があり、マフラ宮殿の建設にもマイアの関与があったことが明らかになっている。リスボン地震発生時、七八歳という高齢であったが、ジョゼ王とポンバル侯は再建の責任者という大役を、マヌエル・ダ・マイアに託した。このように、リスボン再建にとって、マイアはキー・パーソンであったが、マイアに関しては不明な点が多く、かれについて知ることができるのは、かれが残した作品やかかわった仕事の記録を通じてのみであり、出自などについてはわかっていない。ただし、多数の要塞の建設や、当時の主要な建造物の記録には、必ずといってよいほど名前が登場する重要な人物であることに違いなく、また、王室のアーキヴィスト(公文書官)としても活躍していたようである。[18]

図6-6　マヌエル・ダ・マイアの肖像画
(作者不詳、1740年頃)

正確な日時は不明であるが、震災直後、ポンバル侯はマイアにリスボンの再建案を考えるように依頼した。[19]そして、マイアは信頼できる協力者を集め、その任に携わっていった。やがて、ポンバル侯によって、王立公共事業計画室が設立されると、マイアのもとに集まった建築技術者・建築家がメンバーとなって、リスボン再建を具体的に実行していくことになる。王立公共

図6-7　エウジェーニオ・ドス・サントスの肖像画（作者不詳、1750年頃）

図6-8　カルロス・マルデルの肖像画（作者不詳、1730年頃）

事業計画室のトップは、もちろんマイアであった。そして、「王室主任エンジニア」として、快適で、安全で、衛生的な都市を目指して、リスボン再建をすすめていくことになる。つまり、マイアによって再建のための基本コンセプトが考案され、それにもとづいて具体的な計画案が練られ、それを実行していくことになる。

マイアの右腕となったのは、教え子で軍の「大佐（コロネル）」の地位にあったエウジェーニオ・ドス・サントス（一七一一〜六〇）［図6-7］と、中佐（ルーテナント・コロネル）のカルロス・マルデル（一六九五頃〜一七六三）［図6-8］であった。

サントスはポルトガル生まれの建築技術者であり、地震発生時にはまだ若かったが、「参事会建築家」という肩書を授与され、リスボン再建に取り組んだ。ここで、建築家という肩書が用いられている点は興味深い。サントスは建築計画に秀でていたといい、マイアの理想を具現化するため、具体的な都市建築を設計した。マイアは設計実務の実績もあり、また、『軍事建築建設のための知識』という著作を発表するなど、卓越した軍事建築の実務家であり、理論家でもあった。つまり、サントスはジョアン五世治世下のバロック建築の建設で育った「ポルトガル人建築家」であり、ポルトガル建築界の変化を象徴するような人物でもあった。しかもサントスは若く、未来をみすえた期待の星であったのだろう。また、マイアが「技術者（エンジニア）」という称号であったのに対し、サントスにあえて「建築家（アーキテクト）」という称号を用いたのには、ふたりの間には、役割分担があったと想像できる。後述するが、サントスは、マイアのコンセプト案を図面として表現することを担当している。高齢のマイアにとって、後継者とみなしていた節があるが、サントスは計画の完成をみず、若くして没している。

サントスを補助したカルロス・マルデルは、ハンガリー生まれの建築家で、アグアス・リヴレスの建設のために来葡し、その後、ポルトガルでさまざまな建築の設計に携わり、「王室ならびに軍部建築家」としてリスボン再建に取り組むことになる。サントスより一六歳ほど年長であったが、一七六〇年のサントスの死後は、計画案の実現の責任をひとりで負うことになった。しかし、マルデルもまたサントスを追うように、三年後に没している。マルデルは、建築家としての能力も高く、計画案の修正やディテールの修正に責任を負った。ここまでのメンバーは、当初からの中心人物たちであったが、すぐに新たな建築家たちが加わった。

マイアの主任エンジニアの地位を引き継いだのは、高齢のミゲル・アンジェロ・ブラスコ（一六七九頃〜一七七二）であった。かれは、歩兵隊の司令官にあったエンジニアで、多数の都市建築の建設に携わった。その後、ブラスコの地位はレイナルド・マヌエル・ドス・サントス（一七三一〜九一）に引き継がれた。かれもまた軍事エンジニアで、ポルトガル南部のアルガルヴェ地方の新都市ヴィラ・レアル・デ・サント・アントニオの都市計画を実行した人物であったが、政変とはあまり関係なかったようで、ポンバル侯の失脚後もそれまでの方針を引き継いだ。その後任のマヌエル・カエタノ・デ・ソウサ（一七三八〜一八〇二）もまた同様であった。[20]

このように、リスボン再建はバロック建築家が主導権をもったのではなく、ポルトガル独自の伝統である軍事技術者出身の建築家集団によって、達成された。この点が、当時の他国の都市再開発とは異なったリスボン再建の特徴といえよう。

第7章　都市再建計画の作成

1 第一段階（一七五五年一一月四日）

震災直後、ジョゼ王は荒廃したリスボンをあきらめ、遷都することを真剣に考えていたという。一説によると、北ブラジルのマラニョンに都を移すと側近に漏らしたともいわれている。ポルトガルの首都移転は、スペインとの頻繁な衝突や植民地の潜在的な資源への魅力もあって、震災以前にも何度も検討されていた。遷都論は、ポルトガルにとって再三の話題で、事実、一九世紀初めにナポレオンに攻め入られた際には、一時、首都をブラジルのリオ・デ・ジャネイロに移したほどであった。しかし、震災直後の段階では、ブラジルへの遷都は現実的ではなかった。移転先はブラジルばかりでなく、国内のさまざまな場所が候補になった。北ポルトガルの古代都市ブラガや、かつての首都であったポルトなどが恒久的または一時的な遷都先として候補にあがったが、軍事上の問題やリスボンの交易上の優位性から、消極的な意見にとどまった。それにもまして、かつての首都に遷都することは、ポルトガルの歴史を巻き戻してしまうとして否定された。[1]

こういった背景で、ポルトガル王国の首都はリスボンのままとし、リスボン市内または近郊に新都市を再建する方針が固まりつつあり、具体的検討が始まった。一一月一一日の段階では、国王はベレン近郊に市街地を再建することも考えていたようであるが、ポンバル侯との相談のなかで、すぐにもとの位置に再建することを決意した。[2]

正確な日時は不明であるが、震災直後の段階で、ジョゼ王とポンバル侯は、ポルトガル王室の主任技術者マヌエル・ダ・マイアに、リスボンの再建案を検討するように依頼した。ここで、この指示を出したのはジョゼ王とポンバル侯とされているが、実際にはポンバル侯が実質的な決定や指示を行い、ジョゼ王はそれに同意するだけであったようである。

マイアは、その指示にしたがって、すぐに再建計画を練り始めた。当然のことながら、すんなりとは決まらず、さまざまな可能性が検討された。そして、マイアは三回にわたって再建案を提出した。計画にあたり、マイアは一六六六年のロンドン大火後のロンドンの再建やサルデーニャ王国(一七二〇〜一八六一)の首都トリノ(現イタリア)の都市計画を参照したといわれている。たしかに、リスボン再建の際に用いられた手法は、ロンドン再建で用いられた手法と類似する点が多く、トリノの都市計画とも共通した点があり、これらの計画を参照したと思われる。このことについては、「エピローグ」で考察する。

マイアの最初の提案は、地震からわずか三三日後の一七五五年一二月四日にあった。これは、マイアの『論文(Dissertação)』として知られる全三章からなる文書による提案で、図版などは含まれていなかった。第一章では、都市を再建する場所（遷都すべきか、もとの場所に再建するか）について論じられ、第二章ではもとの場所に再建される場合、旧都市の改善すべき点と新都市に対するさまざまな提案について述べられ、第三章では、都市衛生と都市防災といった観点から、具体的な再建についての五つのコンセプト案が提示された[3]。これは、再建の方法のすべての可能性を示したもので、これをもとに都市再建の手法が決定されていくことになる。つまり、この五つのコンセプト案の提示が、今後の再建方針を決定するうえでの第一歩となった。マイアが示した五つのコンセプト案の内容は、以下の通りである[4]。

第一のコンセプト案は、都市構成をもと通りに戻す方法、すなわち、同じ場所で、既存の街路網を保ち、同じ規模の建物を再度、建てようとするものであった。震災前と何も変化がないこの計画は、もっとも短い時間で復興でき、震災前とほぼ同じ数のテナントを収容することができるため、住民（土地所有者）からの反対はさほどないと思われ、場合によっては、倒壊した建物に用いられていた石材などの建設資材の使い回しも可能となるというもっとも無難な案であった。しかし、この案では、都市衛生上の課題、狭すぎる街路幅、異常なほど高い人口密度といった都市としての機能上の問題や、行政による都市計画にもとづく都市制御の不足といったリスボンが抱える都市問題を、何ひとつ解決できていなかった。それにもまして、最大の問題は、もう一度地震が発生した場合、同様の被害をもたらすことは避けられないだろうという住民の不安を払拭できない点にあった。

第二のコンセプト案は、第一のコンセプト案の改良版で、街路幅を拡幅するが、建物の高さは制限せずに、もとと同じにするという案であった。これは地震被害を教訓としたもので、被害者が多数生じたのは、狭い街路幅が原因していたとみなした計画であった。地震が発生した際、倒壊した建物の瓦礫は街路を覆ったが、その幅員が狭過ぎたため人びとの往来ができなくなり、避難路として機能しなかった。そのため、建物の倒壊から身を守ることができたとしても、避難できずにその場にとどまることしかできず、行き場を失った者が津波にのみ込まれ、迫ってくる火焔から逃げることができずに焼け死んだりした。この案では、街路の拡幅によって、建物の床面積はわずかに減少するものの、震災前とほぼ同数のテナントを収容できるため、所有者の収入の減少は少なく、また、ほとんどすべての住民の既得権はほぼ保たれる。一方で、各建物へのアプローチが改善されるため、店舗にはより多くの客が期待できるという利点が生じ、そのため、住民の反対は少ないものと予想できた。ただし、建物の高さを制限していないため、都市の過密化、建物の耐震化といった点に関しては改善できない。また、地震で倒壊した建物の瓦礫の処理の問題についても、課題として残ったままであった。

第三のコンセプト案は、第二案と同様に街路幅を拡幅し、さらに街路に面する建物の高さを三階建て以下に制限するというものであった。第二案のメリットに加え、建物の高さ制限によって耐震上の課題が改善されるとともに、都市景観にも統一性が生まれるという都市計画上はかなり優れた提案であった。ただし、所有者にとっては、建物の床面積(容積率)が減り、期待できるテナントからの家賃収入も減少するので、住民からの反対が予想されるとともに、それを補償するかどうかも課題として残った。また、第二案と同様に、倒壊した建物の瓦礫の処理に関しても解決できていないままであった。

第四のコンセプト案は、さらに大胆に理想の都市を追求するもので、倒壊した建物の瓦礫を利用して、新たな地盤を構築し、その上で十分な幅員を有する街路網を築き、さらに建物の高さも制限しようとするものであった。この案では、地震で倒壊した建物の瓦礫の撤去という問題を解決でき、地盤面が上昇することによって、もしも津波が発生しても浸水面積は少なくなり、街路幅も増すために避難時の安全も確保できるなど、災害に強い都市とすることができた。ただし、第三案と同様に、所有者の権利の一部を剝奪するため、住民の反対と補償の問題が課題であった。

第五のコンセプト案は、旧市街の復興をあきらめ、近郊に新都市を築くというものであった。リスボンの地理的優位性や歴史的意義を保ったまま、都市建設の障害となると考えられる市民の既得権の主張を最小限に抑えようとした案である。その際、旧市街地に住まいを構えていたリスボン市民には、新都市に移り住む権利を優先的に与え、権利を与えられた者は、みずから建物を建設することになる。津波災害を繰り返さないように、高台移転が検討されるのと同様の考えにもとづいた案であり、いわゆる「遷都案」のひとつのヴァリエーションでもあった。そして、マイアは具体的な候補地として二カ所を示した。ひとつめの候補は、王の離宮があったベレンであった。震災直後、国王一家が滞在し

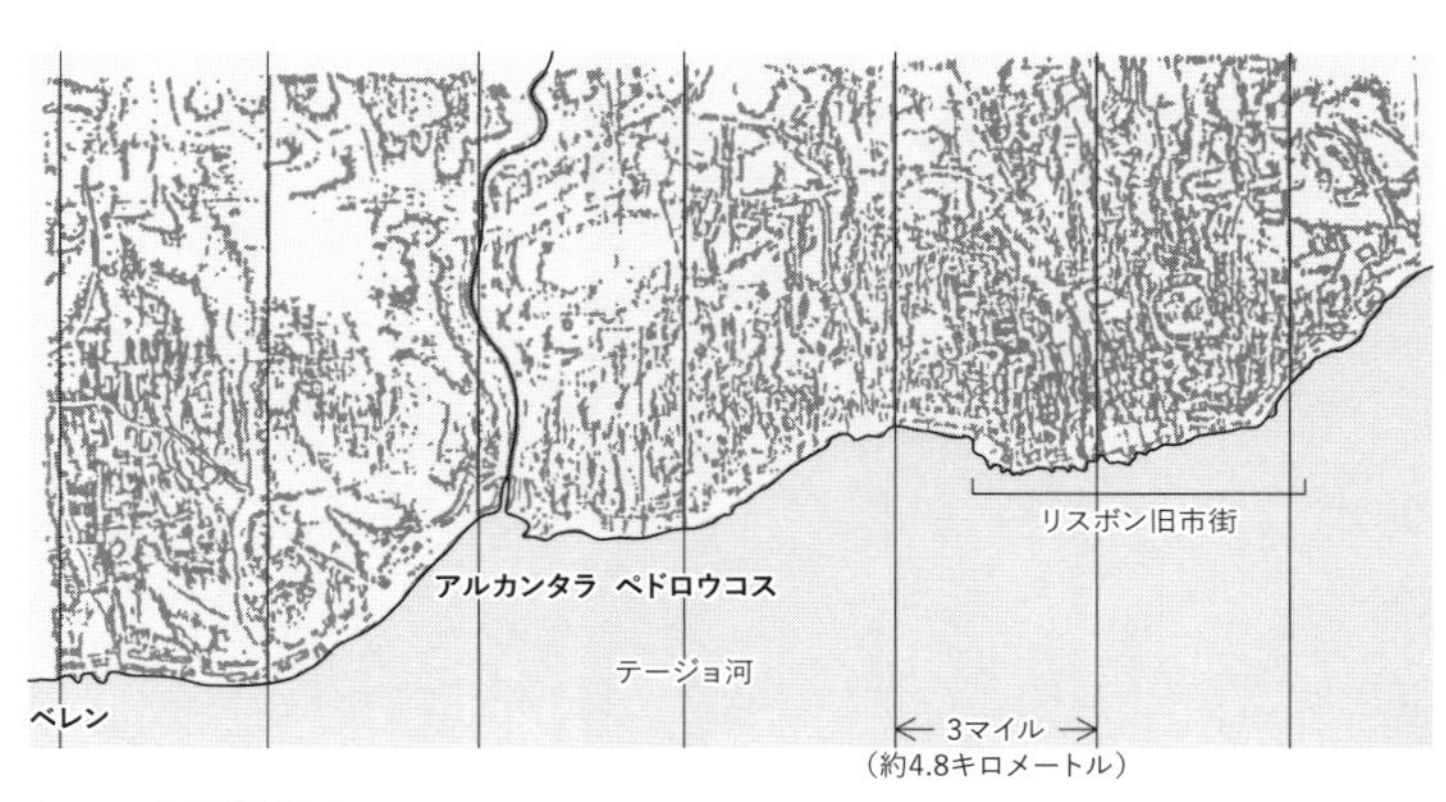

図7-1　遷都候補地

ていた場所であり、大航海時代を代表するマニエル様式のモニュメントであるジェロニモス修道院[第3章：図3-6]もあり、遷都先の候補として選ばれるのは当然であった。もうひとつの候補地は、リスボンとベレンの中間地点にあたるアルカンタラからペドロウコスの間であった。ここにはモニュメントなどはなかったが、旧市街からさほど離れておらず、遷都というよりは都市拡大による中心地の移動に近い案であった[図7-1]。

マイア自身、五つの案からひとつを選ぶことはできなかった。そのため、五つの案を同時に提示したものと思われる。しかし、地震の被害を顧みながら、より迅速な都市再建を実現するとなると、第五のコンセプト案が支持されるのではないかと考えていたようだ。それは、第一案では都市のもつ諸問題を何ひとつ解決できず、第二、三、四の案を採用した場合は、街路の拡幅にともなって、建物の床面積が減少することが避けられず、住民の不満をどう抑えるか、また、それによって生ずる住宅不足をどう解決するのかが問題になるからであった。これらの諸問題を解決できたとしても、それに多くの時間を要し、その間、リスボンの経済活動の再開はどうなるのか、仮設住宅はどうするのかといったことなども懸念された。もちろん新都市を建設する場合も、リスボンの経済の再生や仮設住宅の問題は当然あったが、段階的に移転を行えば、さほど問題にならないと考えた。また、ポルトガル全土には、地震被害を受けて、近隣に新しく同名の新都市を築いた例は過去にいくつもあり、新たな都市は被害を受けていないとする見方もあったという。それら以外にも、旧市街では、過密都市であるがゆえに人間の排泄物が地面に浸み込み、それが地震の際のさまざまな災厄を誘発したという考えが根本的にあり、新たな場所での新都市の建設は、これらの問題を一気に解決できると考えられた。ほかにも新たな場所への都市建設案には長所があった。第一に、更地への計画であったため、どの建物を残し、どの建物を壊すかという判断をする必要がなく、理想通りの都市計画が可能となる。第二として、住民の既得権に対する補償の問題を検討する必要がなく、計画に対する異議申し立てなどもほとんどないものと予想された。また、瓦礫の撤去の問題もなく、計画が迅速にすすむものと考えられた。ちなみに、新都市の候補地のひとつであるベレンは、平坦な土地で、都市建設にはもってこいの場所であり、地震時にも被害が少なかった安全な場所とみなされており、さらに新王宮はベレン近郊に建設するという構想もあったため、この段階では、王宮とともに市街地をベレンに建設することが妥当と思っていたようである。他方、新たな場所への新都市を建設する際の問題点として、以下のことが考えられた。リスボン市民の多くは、土地の特性による商業上のメリットを失い、商業活動を再開するにしても、さまざまな初期投資や手法の変更が必要となるため、移転に反対するだろう。もしも、反対を無視して都市移転を実施したとしても、もとの位置にとどまる市民が生ずる可能性もあった。そうなると、リスボンの中心地は二分されてしまう。それにもまして、リスボン市民の多くはバイシャ地区を愛しており、バイシャ地区に代わる新たな中心地を望んでいなかった。

ここで特筆に値するのは、この段階から、新たな都市の防災について考えられていた点である。マイアは、再建にあたって、まずは公共建築を建設し、そこで雛型を示し、次にそれにしたがって民間の建築を建てるべきと考えた。そして、新しく建設される都市建築は、延焼のおそれが少なく、外観上も美しくみせるために石造とするが、構造的にはすべて石造とするのではなく、部分的に木造とするほうが安定すると考えた。また、建物の高さは、道路幅を超えてはならず、たとえ四階の高さ以上の道路幅があったとしても、四階建てにすることは認めなかった。前面道路の幅員によって建物の高さを制限する手法は、すでにロンドン大火後の再建法のなかで定められており、マイアは震災前からロンドン再建時の手法を知っていたとみることができる根拠ともなる点である。街路はできるだけまっすぐに建設し、もとの街路や建物の位置は、当面の間は、旗などでわかるようにすることを求めた。そして、建設にあたっては、瓦礫の中に遺体が埋もれていることが多いので、できるだけ掘り返さない方法が必要であるとした。

マイアは、五つのコンセプト案を提示しながら、国王とポンバル侯の意見を聞いた。途中、どのような議論が行われたかは不明であるが、結論は、新王宮はベレン近郊に建設し、それ以外の都市機能をもった市街地は、第四のコンセプト案にしたがって、もとの位置に建設することが決定された。このアプローチには、かなり急進的なアイデアが含まれていた。まずは、それまで同じ場所にあった宮廷と市街地を別の位置に建設するということである。これは、それまでのポルトガル宮廷また都市リスボンの伝統とは反するものであった。また、都市再開発という観点からも、地震被害を受けた旧市街地バイシャを一度すべて更地に戻し、新たな街路を建設し、低密度な安全で衛生的な都市を建設するという画期的な手法であった。これは美しい防災都市の実現といった観点からは理想的ではあったものの、土地・建物の所有者からの反対が予想され、しかも資金も時間ももっとも必要となる計画であった。[5]

2 第二段階（一七五六年二月一六日）

第一段階の決定を受けて、マイアは法的問題、財政的問題を加味しながら、次の段階にすすんだ。

そして約二ヵ月半後の一七五六年二月一六日に、次の三つの案を提案した。

1　旧リスボンの都市構造を完全に破壊し、徹底的に合理性を追求して再建する案

2　旧リスボンの都市構造を破壊するが、広い街路はそのまま保ち、不健全な細い街路を広くする案

3　旧リスボンの都市構造を破壊せず、不健全な細い街路や路地を広くする案

ここでいう都市構造とは主として街路網のことであり、第二段階の検討は区画整理をどのように行うかというものであった。すなわち、マイアは健全な都市構造には十分な街路幅が不可欠だと考え、街路幅員の拡幅のために三つの案を提示したのであった。

第一の方法は、リスボンの都市の形成史や伝統はまったく無視し、単に機能性を優先した方法である。また、第三の方法は都市の歴史や基本構成をできるだけ残しつつも、都市計画上、不健全な細過ぎる道路を改善しようとする案であり、第二の方法は両者の折衷案であった。どの案を採用しても、バイシャ地区（中心市街地）の抱える道路幅が確保できていないという最大の問題点を解決することはできた。一方で、いずれも個人の権利をどうするかの問題を解決する必要があったが、第三の方法は、すべての土地所有者に対してほぼ平等に土地を供給してもらうのに対し、第一の方法では、所有者に

よって失う土地の大きさが異なっていた。マイアはこれらのうち、土地取得のうえで、もっとも困難であると思われるが、もっとも理想的な都市計画である第一の方法を選択することを推奨した。これには、法律上の問題や不利益を受ける住民・所有者に対する補償の問題を解決する必要があった。マイアは、これらの問題をクリアするための具体的な手法を、想定されるケースごとに考えた。そして所有者は、新たに造成した土地をそのまま所有するか、場合によっては売買する可能性を認め、その仲介に国家が介入するという案をまとめ、ジョゼ王とポンバル侯に提示した。

この段階の提案には、もうひとつの重要な概念が含まれていた。それは再建のための都市建築の標準仕様(モデル・プラン)を具体的に示した点であった。リスボンのバイシャ地区は商取引の中心であり、多数の店舗が必要であるのはもちろんのこと、それ以外にも商人や労働者のための居住施設も必要であった。そこで、一階(グラウンド・レベル)は商業空間として、メイン・ストリートにはウィンドー・ショッピングが可能なアーケードをもった店舗を配置し、上部は主として賃貸の住居とすることを提案した。そして、これらの建物の平面や立面を標準化し、都市景観の統一性と機能性の両立を目指した。都市建築のモデル・プランは、王室の主任建築家であったエウジェーニオ・ドス・サントスによって作成された。すでに前章で述べた通り、マイアの肩書は「技術者(エンジニア)」であったのに対し、サントスの肩書は「建築家(アーキテクト)」であり、サントスには建築美を含んだ都市景観の統一が求められたものと考えられる。サントスが考案した都市建築の立面は、ドアや窓や建物の

図7-2　サントスによる都市建築の標準仕様

高さが一様にそろえられた古典様式のデザインで、シンメトリー（対称性）を十分に意識されたものであった。一階は店舗、二階以上が住居となる棟割りの集合住宅で、住戸間の界壁は屋根よりも高くされて、延焼防止にも配慮していた［図7-2］。そして、通りや地区を特徴づけるために、ファサードやドアの色を変えて表現しようとした。特に、バイシャ地区はすべて同じ色に統一し、ほかの地区と差別化しようとした。モデル・プランで都市建築を建設することには、都市機能や景観の統一以外のねらいもあった。それは、標準化された建築の建設により、設計過程が短縮できるとともに、部材の標準化にもつながる。結果的に古い建物を修理しながら新たな建物を建設するより、再建の過程をずっと容易にするという一石二鳥の目論見でもあった。

計画が決定したら、次はそれを実現するためのシステムを構築しなければならなかった。一般に、区画整理事業を行う場合、公共団体もしくはディヴェロッパーが既存の土地・建物の所有者から不動産を買い取り、インフラを整備し、新たな都市建築を建設し、それを売却する。リスボン再建の場合、主体となるのは宮廷(国家)であり、国王が土地・建物の所有者から不動産を購入する方法があった。しかし、ポルトガル宮廷が、リスボン市のすべての土地建物を購入するのは財政上現実的ではなかった。そこで、まずは既存の都市・建物の所有者に不動産を提供してもらい、インフラを整備したうえで、そこに国家がみずから都市建築を建設するか、その建設を民間にうながし、所有者に対しては、新しく建設した都市内の土地・建物の権利を与える方法を考えた。すなわち、区画整理を行ううえで、債権者である既存の土地・建物の所有者に対する不動産を再配分する方法が検討された。当然、個々の所有者にとって、新たな都市で与えられる不動産の価値が、既存の都市での土地・建物の価値と同等となる場合ばかりではない。その場合、その差額についての解決の方法が必要であった。マイアは所有者に対して、いくつかのケースを想定し、下記の原則を示した。

1　所有していた価値よりも高い不動産を受け取る場合は、差額を現金で支払う
2　所有していた価値よりも低い不動産を受け取る場合は、差額を現金で受理する
3　新たな不動産を必要としない場合、それを第三者(非債権者)に売買することができる
4　所有していた不動産より広大な不動産を望む場合、ほかの債権者と交渉し、購入することができる

しかし、これは新たな都市の不動産を多くの人が望み、商人たちが積極的に都市建築の建設を行おうとした場合にのみ成立する原則であった。最悪の場合、誰も新たな都市の不動産を望まない場合も考えられた。それを防止するために、マイアは国王に、まずは国庫で建設される公共建築の建設を行って規範を示すべきだと進言した。そうすれば、新都市リスボンの魅力が目に見えるかたちで現れ、多くの商人たちが新都市の不動産を求めるようになり、投資家たちも公共建築にならって、すすんで都市建築の建設を開始すると考えた。これがマイアのリスボン再建案の具体的施策案であった。[6]

3　第三段階（一七五六年三月三一日）

これまでの提案は、基本的な都市再建のためのコンセプトを示したものであり、実際の土地に合わせた具体的な都市計画案ではなかった。次の段階では、リスボンの地勢に合わせて計画を練り、それを図面で示す必要があった。計画案を作成するにあたり、マイアは国内で活躍する六名の建築家・技術者を集め、具体的な計画の作成に取り掛かった。招集された六名とは、グアルテル・ダ・フォンセカ、ピニェイロ・ダ・クーニャ、エリアス・セバスティアン・ポッペ、ジョゼ・ドス・ポッペ、エウジェーニオ・ドス・サントス（前述）、アントニオ・カルロス・アンドレアスであった。

まずはいくつかの条件を定め、二人一組で計画案を三つ作成させた。具体的な提案を行わせることによって、それぞれの利点と課題が明らかになってきた。そして、次の段階では、それぞれの計画案のメリットをいかしながら問題点を修正し、より受け入れられそうな改定案を作成させた。そして、合計六つの計画案を作成しながら、最良の案を完成させた。[7]

具体的な再建案の作成にあたって、マイアが第一に検討すべきと考えたのは、もっとも被害が大きかった商業の中心地バイシャ地区の計画であった。マイアの頭のなかには、すでに新都市のイメージがあり、それを都市計画の条件とした。その条件とは、震災前に王宮があったテージョ河に開ける位置には、倒壊した建物の瓦礫を使ってかさ上げして、市民広場となるコメルシオ広場(貿易広場)を王宮広場に代わってつくり、北の丘の麓にはもうひとつの市民広場となるロシオ広場を再建することであった。最初、マイアは、教会や修道院は、もと通りの場所に再建しなければならないと考え、それを原則として、実際の都市計画案の作成を部下たちに指示した。

〈第一案〉

第一の案[図7-3①]は、准建築家のグアルテル・ダ・フォンセカによる案で、弟子のピニェイロ・ダ・クーニャを助手として練られた。この計画は、第二段階の「3 旧リスボンの都市構造を破壊せず、不健全な細い街路や路地を広くする案」を具体化したものであった。すなわち、基本的な街路構成は地震前を踏襲し、街路幅を拡幅して袋小路や細い路地を改めた計画であった。とはいっても、バイシャ地区の街路構成は大幅に変更され、四〇以上の大通りと七〇の街路が張りめぐらされ、また、新都市を魅力づける広場がところどころに整備されていた。技術者でもあったフォンセカは、曲がった通りはいっさい計画せず、地震被害が少なかった東西の丘に沿った地域でも、道路を直線状につくり変えた。ただし、教会の敷地に関しては、変更することはなかった。この計画においてもっとも特徴的なところは、コメルシオ広場に証券取引所を配置した点であり、港に面した部分をよりいっそう商業の中心地として強調した。この計画は、新たな街路網の建設のために都市構成の変更が最小限ですみ、すぐにでも実現可能と思われた。また、住民は、新たな自分の土地・建物をどこにどう建てるかをイメージしやすく、住民の理解も得やすいと考えられた。費用の面でも最小限ですみ、宮廷にとっても自治都市リスボンにとっても負担が少なかったが、未来のリスボンにふさわしいかどうかは疑問だった。衛生面の改善もなく、高い人口密度も解決できていなかった。しかも、モニュメントや目玉となる大通りもなく、都市として魅力を欠いていた。そのため、この計画はマイアには受け入れがたかった。

〈第二案〉

第二の案［図7-3②］は、軍の大佐の地位にあり、建築家でもあったエリアス・セバスティアン・ポッペによって作成されたもので、息子[8]のジョゼ・ドス・ポッペが助手を務めて作成された。第二段階の「1　旧リスボンの都市構造を完全に破壊し、徹底的に合理性を追求して再建する案」にもとづいて計画された案のひとつである。そのため、バイシャ地区ばかりでなく、東西の丘の上の街路網も地形に合わせて幾何学的に変更するなど、旧市街の構成にとらわれることなく、まさに理想都市を目論んで考案されたものであった。特に、バイシャ地区の碁盤目状の道路網（グリッド・プラン）が目につく。これは、植民都市など、更地に新都市を建設する際に用いられた手法を参考にしたのであろう。南端のコメルシオ広場と北端のロシオ広場をつなぐ南北に走るメイン通りと、それに平行する数本の大通りと、一定間隔で配された東西に走る大通りで縦・横に区画し、整然とした街区が形成されている。ただし、教会や修道院の敷地は変更しなかったため、ところどころ街路が寸断されたり、ずらされたりするなど、不規則な部分が生じている。ポッペの計画案は、フォンセカの案より一歩も二歩もすすんでおり、方位や大きさが統一された街区が繰り返され、日光や通風も得られる実用的な計画であった。何よりこの計画では、市街の中心にグリッド・プランの現代的な新しいコミュニティ空間を創出していた。マイアは、この計画案に高い興味を示していた。

〈第三案〉

第三の案［図7-3③］は、第二段階からマイアの依頼で都市建築のモデル・プランを設計していたエウジェーニオ・ドス・サントスの案である。サントスは、建築家としても実績があり、軍ではマイアの司令官に次ぐ大佐の地位にもあり、マイアがもっとも期待をしていた建築家であった。計画案の策定にあたり、准建築家のアントニオ・カルロス・アンドレアスが助手を務めた。マイアはポッペらの第二案を気に入ったものの、何か物足りなさを感じていたようである。そこで、信頼がおける建築家のサントスに対し、同じコンセプトでもうひとつの案を作成するように指示をだした。サントスが提案した計画案は、明らかにポッペ案を改良したものであった。基本的には、コメルシオ広場とロシオ広場をつなぐ南北に走る大通りと、それに交差する東西の大通りからなるグリッド・プランであった。変更されたところは、街路にメリハリが加えられた点であり、それぞれの街路の幅員は重要性に比例して異なる幅とされた。特に、中央のメイン・ストリート（目抜き通り）を強調するために、中間部に四五度傾けた正方形のスクエア（広場）を盛り込むとともに、ほかの街路よりもずっと広い幅員を確保し、その両サイドに平行して配される大通りの幅を次に太くし、それ以外の街路と区別した。また、街路を曲げなければならない場合は、その接点部に広場を設け、モニュメントを配置し、不自然さをアイ・ストップで魅力に変えた。こういった手法は、バロックの都市計画の常套手段で、海外の建築事例に明るかったサントスの手腕が存分に発揮できた点であろう。サントスの意図は容易に理解できる。都市全体をテージョ河に面するコメルシオ広場に向かって開き、市街地の中心からテージョ河へのアクセスを強調し、港の中心となるコメルシオ広場を市街地の核として機能させようとしたかったのだろう。このように、街路網の整理によって、都市の全体構成が整然となった。この計画は、自然、地形、都市構成、機能のすべてに焦点をあてて練られた非常によくできた案であった。マイアはサントスの計画案に魅力を感じた。しかし、この案にはいくつかの問題があった。新たに設けられた中央広場の目的が不明であり、通りの幅員の違いの原理もあいまいであるという点が気になった。それよりも、都市の全体構成は整然となったものの、個々の街区は不整形のままであり、その検討が必要であった。また、この計画では、教会や貴族が所有する土地・建物にも少なからず影響を与えるものであり、この問題を解決しなければ前にはすすめなかった。

この段階で、三つの計画案が作成され、具体的な方向性もみえてきたものの、マイアにとって、十分に納得がいく計画には達していなかった。そこで、もう少し計画を詰めることとし、フォンセカ、ポッペ、サントスの三人に、再度計画案の作成を要求し、それぞれの設計チームの人員も増強した。ただし、ここである程度の都市計画の方針は固まっていたようだ。練り直した計画案をみる限り、その方針とは、バイシャ地区は平行する街路からなるグリッド・プランとし、各街区は矩形とすることと、教会や貴族の敷地も関係なく、更地から理想の都市構成を計画するということであった。ここで、教会や貴族の既得権を無視した点は、理想都市の建設にとって、大きな前進であった。

〈第四案〉

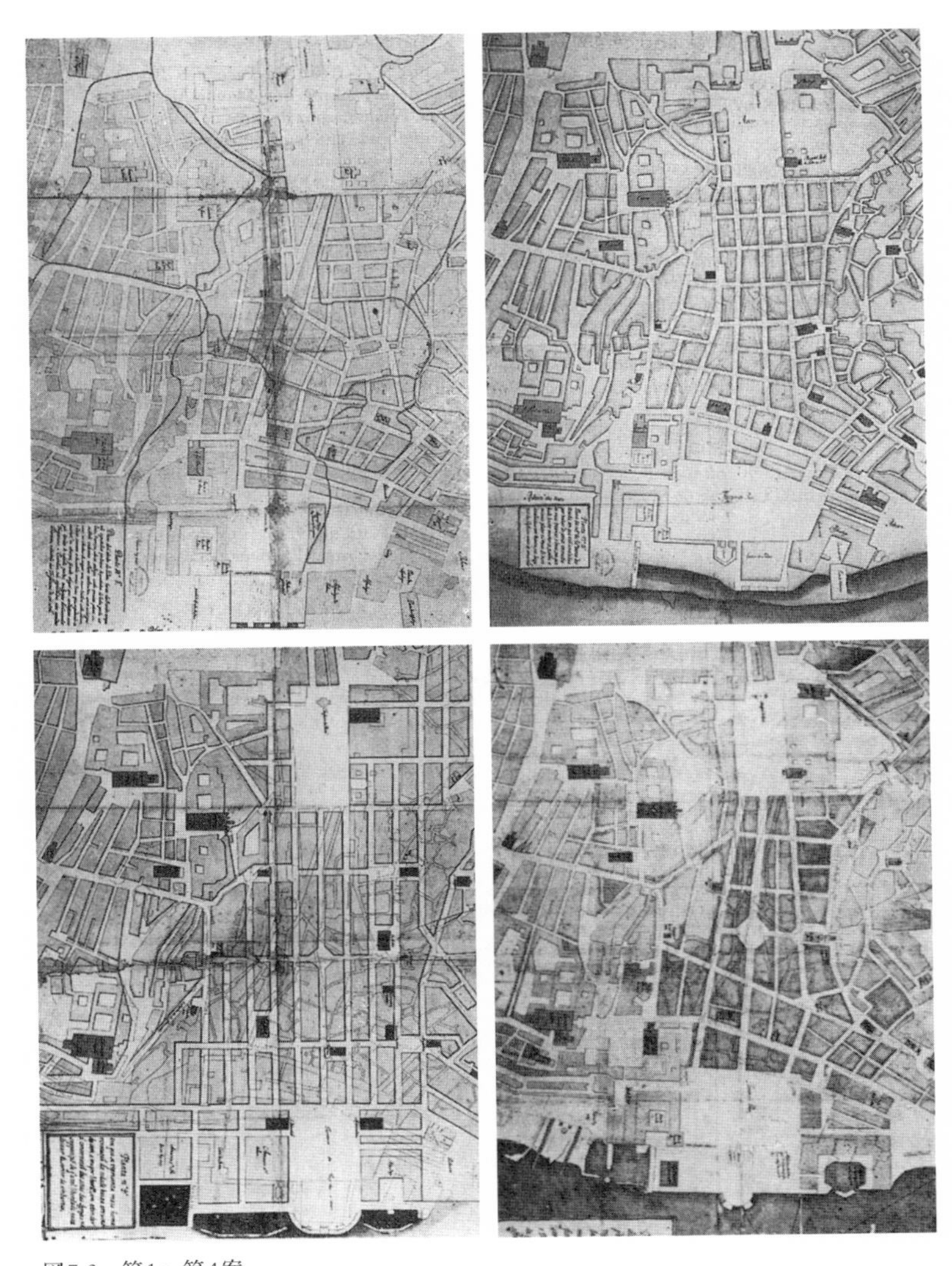

図7-3　第1〜第4案
左上から時計回りに　①第1案　②第2案　③第3案　④第4案

フォンセカによって練り直された計画案は、第四案［図7-3④］として知られる。これは、バイシャ地区を厳格な方位に合わせた東西と南北の大通りで規則正しく区画したグリッド・プランで、コメルシオ広場とロシオ広場の東西の幅を一致させ、その間を東西の大通りで四分割し、それらに一一本の南北の大通りを直交させ、すべての街区が長方形となるよう計画された案であった。バイシャ地区はもともと扇形に広がる沖積層であり、テージョ河に向かって開いている。そこに矩形の街区を配置するため、フォンセカは港があるコメルシオ広場に近いほど街区を多く配置し、ロシオ広場に近いほど街区を少なくして対応している。地形に合わせた実に合理的な土地区画であり、移動が容易で、各街区ならびに各住戸では通風、日照の確保も問題なかった。教会や貴族の敷地も、都市内の街区にうまく取り込んでいる。コメルシオ広場の面積がやや小さくなったものの、ウォーターフロントの再開発は、国際都市としてふさわしいと、マイアに高く評価された。整然と配置されたやや直線状の街路に沿って設けられるまちなみは魅力的であったが、バイシャ地区だけでは居住空間が十分ではなく、また、バイシャ地区と近隣の地区との差が歴然としており、釣り合いといった観点からは問題があった。理想都市としての計画であったものの、非現実的で、幻想に近いものと考えられた。

〈第五案〉

第五案［図7-4］は、サントスの改定案である。アントニオ・カルロス・アンドレアスに代わって、建築家カルロス・マルデルの協力を得て作成された。前述の通り、マルデルはハンガリー出身の経験豊かな建築家であり、その実力が認められ、軍の建築家として招聘されている。軍での地位は中佐であり、サントスの部下にあたった。マンデルは、アグアス・リヴレス［図6-5］の建設時に渡葡した。それ以前に建築家としての修業を積んでおり、デザイン能力も高く、その手腕が評価されて選任されたものと思われる。第五案は、サントスみずからの前案（第三案）と比べてかなりダイナミックな構成となった。何よりも、この計画では、バイシャ地区内の既存の教会や貴族の敷地を完全に無視している点が特徴的である。この束縛から解き放たれたため、サントスの本来の理想が、この計画で成就できたものと考えられる。この案はほとんどゼロからの都市の建設案である。旧市街の街路網はまったく無視し、新たに街路を碁盤目状に配し、長方形の街区を配する。港に近い街区は東西に長い長方形、丘に向かうと南北に長い街区となる。これは公共建築や商業建築には、道路からのアクセスから東西に長い街区が適していると考え、住居を含む都市建設には、各部屋への採光の観点から南北に長い街区が適していると考えたからであった。また、港の機能もより詳細に検討されており、コメルシオ広場に建てる施設も具体的に考えられており、どの計画よりも、国際的商業都市としてのリスボンの顔となるコメルシオ広場の重要度を強調した計画になっていた。この計画では、街路幅を詳細に設定し、グリッド・プランの軸線を真北から一三度ずらすなどの配慮もみられた。また、各街区では、そこに建てる都市建築の構成まで検討し、中庭の大きさの設定、各住戸の機能や採光まで考慮されていた。

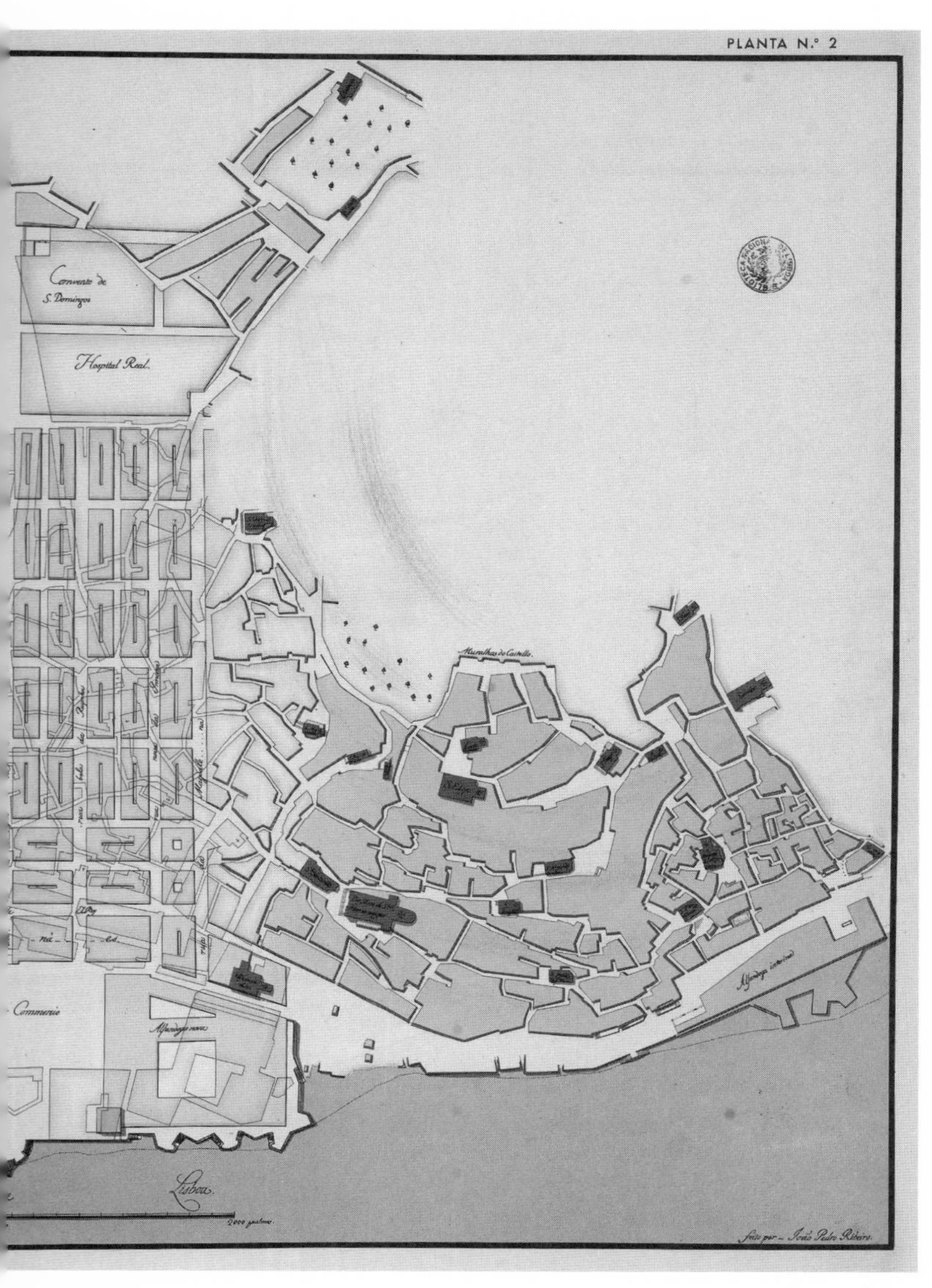
PLANTA N.º 2
Convento de S. Domingos
Hospital Real
Muralhas do Castello
Alfandega nova
Lisboa
feito por – João Pedro Ribeiro

図7-4　第5案

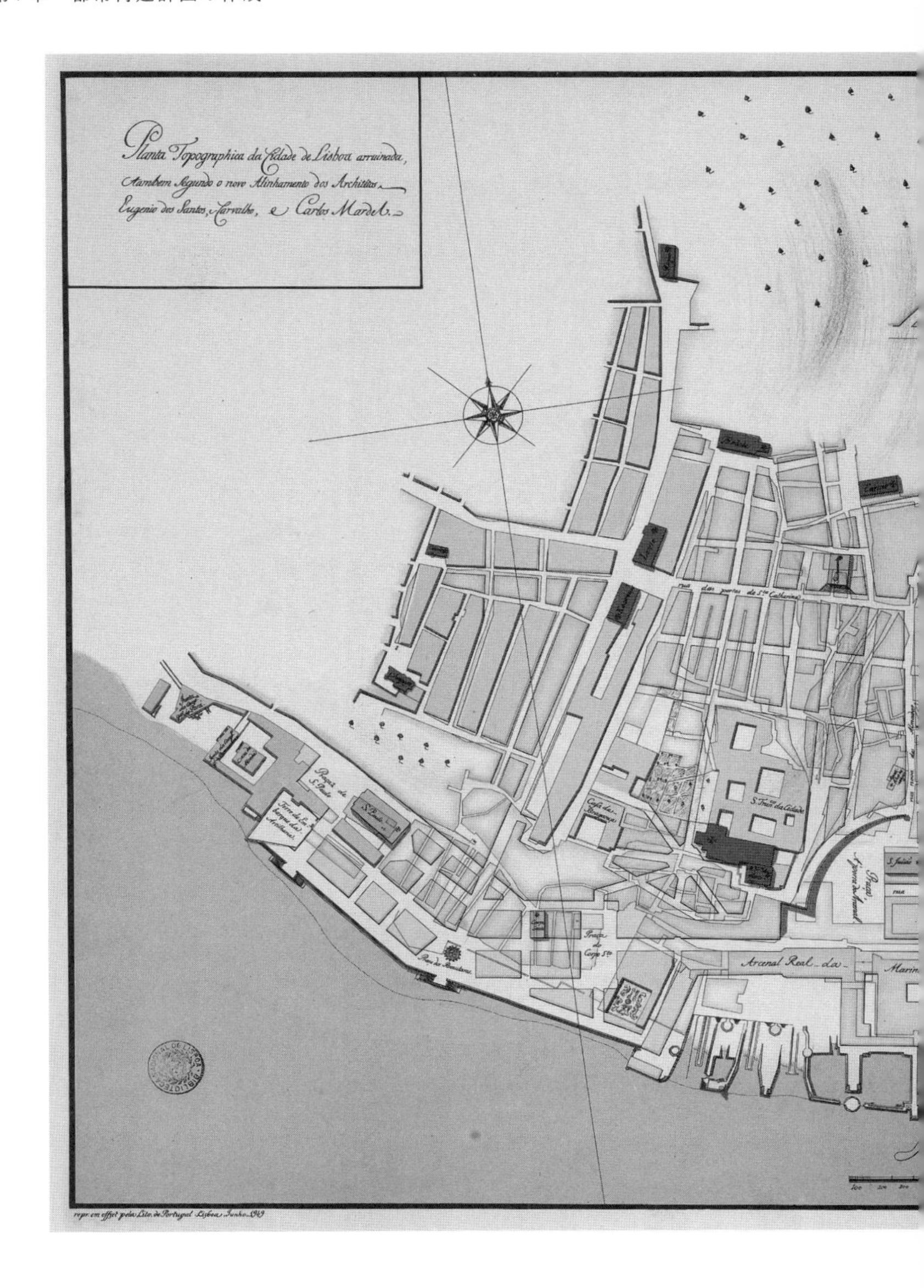
Planta Topographica da Cidade de Lisboa arruinada,
e tambem segundo o novo Alinhamento dos Architetos
Eugenio dos Santos, Carvalho, e Carlos Mardel.
Praça de S. Paulo
S. Paulo
S. Francisco da Cidade
Praça do Corpo Santo
Arcenal Real da Marinha
rua das portas de S.ta Catharina
repr. em offset pela Lito. de Portugal Lisboa Junho 1949

マイアは、この計画を気に入った。そして、これを実施に結びつけようと決意した。

〈第六案〉

リスボン再建案には、もうひとつの検討案があった。第六案［図7-5］として知られるポッペによる再検討案である。この計画は、ポッペの最初の案から、教会や貴族の邸宅の位置を維持するという条件を外し、街区を均等にし、教会を再配置したもので、より合理的な構成となっている。バイシャ地区は、八本の南北道路と、一一本の東西道路からなる。その中央部分に、聖ニコラウス教会が配置された六角形の広場があり、コメルシオ広場側とロシオ広場側という二つの異なった地区を結節する役割を担っている。この広場は、サントスが第三案で提案した中央の広場の改良案と思われ、マイアから指示があったのかもしれない。この計画で、もっとも興味深く、特徴的な点は、コメルシオ広場の西側に広場に接して大聖堂を配置したところである。計画としては魅力的であったが、宗教の中心である大聖堂を商業の中心地に建設するのは、当時のポルトガルにとっては現実的ではなかったようだ。

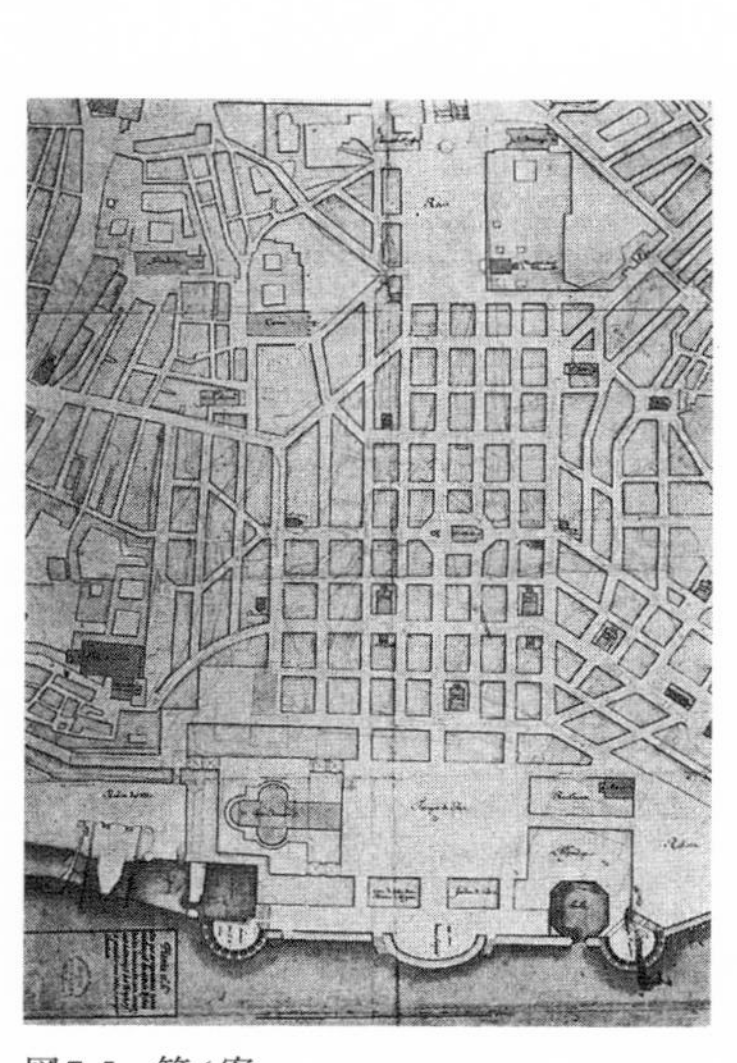

図7-5　第6案

4　都市計画の決定

こうして六つの計画案が作成された。そして、国際的商取引の拠点としてさまざまな機能を集中させたコメルシオ広場と市民の日常の生活を支えるロシオ広場が融合された、第五案のサントスの改善案にもとづいて将来のリスボンを計画していくことが決定した。サントスの案が優れていたことに違いないが、マイアは最初から新都市の再建計画は、サントスにまかせるつもりだったようだ。つまり、この六つの計画案の作成は、コンペ形式で新都市のアイデアを競い合うためのものではなかった。マイアのさまざまな理想都市のコンセプトを、実際の都市計画に落とし込むと、どのようになるかを試すためのものであったと思われる。高齢のマイアは、若くて有能なサントスに大きな期待を抱いていた。地震発生時に、マイアはすでに七八歳、サントスは四四歳であり、サントスはマイアより三四歳も年少であった。王室軍事技術者の司令官の地位にあった高齢のマイアは、リスボンの再建を見届けられないと自覚し、後任としてサントスを指名し、のちの活躍を嘱望していたと思われる。しかし、現実には、若いサントスのほうが八年も先に早逝するので、その思いは叶わなかった。

いずれにせよ、六つの計画案の作成を通して、さまざまな画期的アイデアが誕生し、それをリファインして、リスボンの再建計画案は決定された。この再建計画案が実現すれば、リスボンは、美しく、機能的で、防災対策も万全で、衛生上も優れており、あらゆる意味で安全・快適で、商業活動で活性化がもたらされた健全な国際都市として、再生するだろうと考えられた。そして、何よりも、この計画は単に理想を描いただけでなく、十分に実現性がある計画と確信された。

第8章 再建の手法とその過程

1　再建のための行政手続き

震災後、リスボンを再建するにあたって、国際商業都市としてふさわしく、震災に強く、安全でかつ衛生的な環境をつくりだすことが目標とされた。そのために、街路網をどうするか、どこにどのような施設を建てるかなど、さまざまな具体的なアイデアがだされ、最良と考えられる都市計画が決定した。それが、マイアが中心となって立案されたリスボン再建計画案であった。この計画案では、街路や広場の配置、その幅員や大きさ、そこに建てる建物の基本的な構成といった技術的側面について、理想と考えられる姿が提案された。しかし、実際に都市を建設していくためには、こういったハード面のアプローチばかりでは十分ではなかった。計画を実現するための手法、すなわち、ソフト面での対処法も検討する必要があった。しかも決定されたリスボン再建案には、それまでに用いられたことがないような画期的なアイデアが多数盛り込まれていたため、解決しなければならない問題が、どんな都市建設よりも多くあった。特に、一時的ではあるにせよ、住民の権利を制限しなければ計画を達成することができず、その問題の解決が最大の課題であった。具体的には、震災前の土地所有の実態を把握し、震災後の土地の所有権を明確にして、建設資金を調達しなければならない。しかも、その手法と結果を市民に納得してもらわなければならなかった。こういったポンバル主導の再建の方針に対し、商人、すなわち新興ブルジョアジーたちは歓迎したものの、土地・建物といった既得権(資産)をもった貴族は、当然、反対・抵抗した。そのため、ポンバル侯は、都市再建とともに社会改革を断行していく必要があった[1]。

通例、都市建設のハード的側面は都市計画家や建築家が責任をもち、それを実施に移すのが政治である。政治をつかさどるのは、絶対的な統治者がいればその統治者が、現代のような法治国家では法律を制定して、行政がルールにのっとって実施する。概して、近代以前には前者が、近代以降は後者の手法がとられることが多いが、地震後のリスボンの再建にあっては、前者のような古い体質も残りながら、基本的には後者の手法によって実現された。つまり、国王がさまざまな法律や規則を定め、市民がそれにしたがって、リスボン再建が実施されていった。

すでに述べたように、地震直後、ベレンの離宮に駆け付けたポンバル侯は、国王に会うやいなや、その日のうちに二件の行政文書を発布した。翌日の二日には九件、三日には一一件、四日には一二件、五日には五件、六日には五件、七日には三件と、次々と国王の名のもと、布告、王令(法律)、通達、命令などの行政文書(公文書)を発布して、緊急事態に対処していった。これらの行政文書を分析することによって、震災直後のポンバル侯の施策とその特徴が明らかになったが、ここでは同様に、都市計画または都市復興に関係する行政文書を分析しながら、その過程と特徴を考察していく[2]。なお、大火後のさまざまな動きと発布された都市再建にかかわる主要な行政文書は、巻末に年表として整理したので、適宜、それを参照していただきたい。

都市再建にかかわる最初の行政文書は、震災からわずか九日後の一七五五年一一月一〇日に発布されたリスボン高等法院長官ラフォエス公による通達であった。リスボンの再建は、国王、リスボン高等法院、リスボン市参事会の三者が実質的に主導してすすめられたが、再建のためのルールづくりとその運用を担ったのが、高等法院であった。一一月一〇日付の通達で高等法院が指示したのは、市内におけるいっさいの建築の建設禁止であった。焦土と化した首都を、できるだけ早く再建したいと願うのは当然のことであるが、都市計画が決定する前に各自が勝手に建物を建設すると、かえってそれが再建の妨げになってしまう。焼け野原にバラック建築を建てれば、一時的に市民の住居を確保することができるかもしれないが、都市再建のための土地測量に障害を与えるとともに、都市計画の策定にも少なからず影響が及ぶ可能性がある。また、都市計画の決定後に立ち退きの手続きが必要となるなど、都市再建をすすめにくくなることが予想される。さらには、たとえ恒久的で立派な建物を建てたとしても、それが新たな都市にふさわしいものになるとは限らず、場合によっては建てたばかりの建築を取り壊す必要が生ずるかもしれない。都市建築は、単体としての性能ばかりでなく、集合としての性能も求められる。つまり、よりよい都市を再建するためには、計画的な建設が必須となる。既存の都市に問題があり、それを解消しようとする場合には、なおさらである。そのため、今後の都市再建に支障をきたさないように、市民に対し、市内での早急な建物の建設をしないように促した。現在でも、大災害の直後にはこういった規制が行われるのが一般的である。[3] リスボン再建では、この種の施策を実施した早い例のひとつであるが、一六六六年のロンドン大火後の復興においても、大火後わずか一一日後に、チャールズ二世(在位一六六〇〜八五)が同様の趣旨の国王布告を発布しており、[4] それを模した可能性もある。いずれにせよ、災害復興にあたり、それまでの都市問題を解決する都市計画を策定し、これにのっとって都市を再建するという近代的な手法が実施されたということであろう。また、一一月一〇日の通達では、同時に建設材料費や建設業者の手間賃の統制も通知されており、これによって建設費の異常な上昇を防ぎ、建設業界を正常に機能させようとした。この二重の施策で、無計画な開発を防ぎ、理想の計画に沿った都市を建設しようとした。とはいっても、これが徹底されていたわけではないらしく、同じ内容が同年一二月一日に、再度、高等法院長官による通達で繰り返されている。

一一月一〇日通達の次の文書は、震災から約一ヵ月後の一一月二九日に出された国王による布告であった。ここでは、広場、道路、路地、庭などの境界線の調査を実施し、土地所有者それぞれのインヴェントリー(財産目録、土地台帳)を作成することを求めている。土地・建物の現状と所有権を明確にすることは、都市を再建するためには不可欠である。震災前の土地・建物の所有権があいまいなまま都市再建をすすめると、さまざまな紛争が生ずるのは目にみえていた。この布告は、こういったトラブルを未然に防ごうとする目的があった。そして、その二日後の一二月一日に通達で、上述したように建設禁止を徹底するよう命じている。

さらに一二月三日にも布告が発せられて、市内では建物の賃貸に関する新規契約が禁止され、家賃を震災前の価格に凍結するよう命じている。市内には、地震で完全に倒壊することなく、地震火災も免れ、かろうじて住むことができる建物がある程度はあり、人びとはそういった建物に身を寄せていたが、その数は十分ではなかったため、[5]家賃が上昇したのであろう。被災者を保護する目的で、家賃の上昇を防ぐ施策を実施したのである。他方、同布告では、旧市街地の郊外における石造建築の建設も禁止している。郊外という地域を限定した制限であるので、石造建築の建設禁止は構造の制限とは考えにくく、仮設建築ではなく恒久的な建築の建設禁止を意味していたと想像できる。つまり、旧市街地の外に恒久的な建築を建てることは、中心地の移動につながる可能性があるとともに、市街地がもとの位置に再生されたとしても、郊外への都市のスプロール[6]につながる。それを恐れての施策であったと考えられる。

翌日、マイアは国王とポンバル侯に最初の五つのコンセプト案を提出している。そこで首都リスボンをもとの位置に再建することが正式に決定した。これによって、敷地境界の決定、所有権を明確にするインヴェントリー（財産目録）の作成がますます重要になった。それと呼応するように、その約一カ月後の一二月三〇日に、高等法院長官は通達を発し、あらためてインヴェントリーの完成まで市内の家屋などの建設を禁止することを指示し、それを徹底しようとしている。しかし、この指示は実際には守られていなかったと思われ、一七五六年二月一〇日の高等法院長官による通達では、家屋などの建設を禁止している理由を説明し、市民に理解を求めようとした。その中で、都市再建時の紛争を避けるためにインヴェントリーの確定が必要不可欠であるということを市民に伝えるとともに、間もなく発表される新たな都市計画では、新しく建設される街路網やその幅員が発表され、ファサードのデザインなどが規制されることが述べられていた。これは、マイアの新都市に対するコンセプトを、市民に伝えるねらいがあったものと思われる。

その直後の二月一六日に、マイアは再建計画案の策定の第二段階にあたる三つの都市計画策定のための原則案を提示し、都市建設のソフト的手法も含めて案を練るとともに、その後、具体的な都市計画の青図を描いていった。そして、三月三一日には合計六つの具体的な都市計画案が完成し、四月一九日にポンバル侯に最終案を提示した。ちょうどその直後の五月六日に、ポンバル侯は宰相にあたる内務担当国務秘書官に昇進し、宮廷でのトップの地位に上り詰め、ポンバル侯による理想都市の建設が具体的に開始されることになる。地震発生からほぼ半年後のことであった。

2 都市建設の実施

さて、ふたたび行政文書に話を戻そう。最終的な都市計画案の決定からしばらく時間が経過したが、一七五六年九月一六日に布告が発せられた。これは、リスボン市参事会に対し、延焼防止の策を講じた都市計画が完了するまで、個々の建築の建設を許可しないように指示するものであった。内容的には、高等法院長官が市民に繰り返し出した通達と同じであったが、これは国王代理のポンバル侯から、市参事会への文書に変わった。この背景には、名門貴族たちが多くいる市参事会とポンバル侯の間の争いが見え隠れする。すなわち、貴族たちの中には、ポンバル侯に反発する者も多く、ポンバル侯にとっては悩みの種であったのと同時に、それが、都市再建がなかなかすすまなかった原因となっていた。

それからしばらくの間は、ふたたび、なんの進展もなく時が過ぎた。約一年後、地震発生からは二年が経過した段階でようやく動きがあり、一七五七年一一月三日、土地・建物の所有権の譲渡をうながすため、実際の都市建設に着手できるよう無期限の契約を禁止し、契約期間を定めなければならないことが王令によって定められた。

その後、一七五八年一月一六日の布告で、商都リスボンの商取引の中心となるコメルシオ広場の都市計画が決定された。さらに、土地の所有権を評価・再配分するための規定を定める王令が、五月一二日に発せられた（「一七五八年五月一二日法」）。これは「リスボン再建法」ともいえる法律で、土地の所有者の権利などが詳細に定められた。これにより個人と公共の権利が明確になり、また、五年間、建物が建設されなかった土地は、強制収用されることが定められた。その一ヵ月後の一七五八年六月一二日に、ついにマイアによって用意された再建案が承認された。そして、安全でかつ美しい都市に再建するため、個人の権利よりも公共の福祉を重視するという再建方針が明確に宣言された。[7] また、一五日には、都市再建の権限を市参事会から切り離し、宮廷主導で実施していくことになった。これは、リスボン再建が具体的に始まったことを意味していた。

ここまで、いささか時間がかかり過ぎている。震災の発生から都市計画案の承認まで、二年八ヵ月もかかったことになる。ロンドン大火後の再建では、約半年後に再建のための法律、通称「ロンドン再建法」が成立して具体的な都市再建が開始されており、[8] その五倍ほどの歳月がかかっている。この差の理由は、なんだったのであろうか。これには政治的な要素が大きく影響していたと考えられる。つまり、再建案の決定に時間を要したのは、ポンバル侯の政治的権限がまだ確立されておらず、伝統的有力貴族などからなる反対勢力による妨害が強く、その解消に手間取っていたからである。しかし、ポンバル侯はそれに打ち勝つことができた。都市再建の権限を伝統貴族が牛耳っていた市参事会から切り離したことは、その象徴でもあった。これによって、ようやくみずからが理想とする近代都市リスボン再建の建設に取りかかることができるようになったのである。そして、ポンバル侯は政治的権限を強めていき、一七五八年九月三日に発生したジョゼ一世暗殺未遂事件によって、敵対する大貴族のアヴェイロ公爵とタヴォラ侯爵一家らを処刑し、ポンバル侯の独裁政治は頂点に達する。さらに、徹底的に、反対派貴族の処刑、投獄、追放を実施し、また、イエズス会を国外追放とするなどの恐怖政治を行うようになった。

しかし、ポンバル侯にとって、リスボン再建はすんなりとはいかなかったようである。実際の工事には、なかなか着手できなかった。再建案の承認から約一年が経過した一七五九年六月一二日になってようやく再建法改正案が告示され、同一五日に承認された(「一七五九年六月一五日法」)。これによって、バイシャ地区の都市計画(バイシャ計画)とロシオ広場周辺の都市計画(ロシオ計画)が承認され、同一九日のポンバル侯の通告によって、ラフォエス公に代わって新しく高等法院長官となったペドロ・ゴンサルベス・コルデイロ・ペレイラに伝えられた。そして、七月一二日にアウグスタ通りの最初の工事が認可された。地震から三年八カ月が経過したときのことであった。

その後の行政文書のほとんどは、都市計画をすすめるうえで生じてきた問題を一つひとつ解決するものであった。

一七六〇年一〇月八日布告は、それまでのあらゆる契約を破棄し、計画地内の木造建築などの仮設建造物（バラック建築）を取り壊すよう命ずるもので、一七六三年一〇月二四日布告は、防災上、都市計画で禁止された場所に建てられた建物を取り壊すよう近隣検査官に命令するものであった。リスボン再建においては、都市計画を決定したあとに、ルールにのっとった都市建築を建設し、都市としての健全性を確保しようとした。しかし、都市再建開始までに時間がかかり過ぎたため、実際には、リスボン全体でほぼ九〇〇〇棟のバラック住宅が建てられたという。ただし、これらの住宅を建てることができたのは、旧市街以外の場所であった。地震前、建設資材の多くは港の資材置き場にあったが、これらは地震火災と津波によって失われてしまったため、緊急に北ヨーロッパやブラジルから木材が輸入されて、なんとかしのぐこととなった。緊急で建てられた住宅のほとんどは、木の板でつくられた粗末なものであった。テントよりはましであったが、夏の暑さも冬の寒さもしのぐことはできなかった。最大の問題は、熟練の職人は、貴族の邸宅や臨時王宮の建設に動員されたことであった。そのため、オランダからプレファブ住宅を購入する者も多かった。しかし、これらは郊外に建てられた貴族の邸宅と比べるとはるかに劣っていた。[9]

他方、一七六六年一月二一日王令では、一七五五年一一月一日以前のすべての借地権を反故にするという内容であった。これらを文書だけでみると、かなり強引な手法のように感じるかもしれないが、大半が当初の計画通りにすすんだが、例外的にうまくいかない部分は、超法規的なルールを定めて解決していったと解釈すれば納得ができる。

その後、大きな問題となったのは、みずから開発ができない所有者への対策と、新たなルールにそぐわない建物への対応であった。前者に対しては一七六九年三月六日布告で、強制収用のための資金源を明確にし、一七七一年二月二三日王令で、すべての地域において強制収用を可能とし、さらに、一七七二年一二月七日布告によって、強制収用が可能となる対象の範囲を拡大した。また、後者に関しては、一七六九年一一月二五日の高等法院長官ならびに市参事会会頭による通達によって、バイシャ地区内の木造建築ならびに規則にそぐわないファサード（立面）の建物の取り壊しを命じている。

そして、地震から二〇年が経過した一七七五年のジョゼ王の誕生日（六月六日）に、コメルシオ広場にジョゼ一世騎馬像［図8-1］を設置する落成式が執り行われた。この段階ではまだ、バイシャ地区のほとんどの建物は建設中であったが、リスボンの再建がひとつの節目にこぎつけることができた証左となった。その際、ポンバル侯は、新生リスボンの建築は、他国と比較しても負けず劣らずの水準にまで達したと誇らしげに語ったとされている。[10] しかし、諸外国での評価はいまひとつで、[11] ポンバル侯は社会改革に関しては名声を博したが、都市再建に関しては、大きな影響力をもつことはなかった。

こうしているうちに、一七七七年二月二四日にジョゼ王が没し、娘のマリアがマリア一世（在位一七七七〜一八一六）として即位した。マリアはポンバル侯を登用しなかった。それどころか、ポンバル侯によって冷遇されていた旧体制の貴族を優遇した。ポンバル侯は投獄こそ免れたが、失脚してリスボンを離れた。と同時に、宮廷の人事も一新された。その影響は、都市再建にも如実に表れていった。一七八〇年七月一四日布告で、マリア一世時代の王室財務省の大臣であったアンジェヤ侯は、税収の四パーセントを再建費に充てることとした。結果として、これは再建の後押しとなった。しかし、一七八三年二月一七日布告で、高等法院長官の権限を王立公共事業計画室長に移管したため、市参事会の発言力が復活し、ポンバル侯が排除していた貴族たちが、都市再建においても復権を果たすことになった。そして、都市建設の諸規則においても、かれらの都合に合わせた変更が行われていった。こうして、新たな体制で都市の再建に臨むこととなった。その際、都市再建の実施方法に関しては変更が加えられはしたものの、まだ完成には到底達していなかった都市計画はいっさい

図8-1　ジョゼ１世騎馬像（マチャド・デ・カストロ作、1775年）

変更されることはなかった。そのため、結局のところ、リスボンはポンバル侯が描いた青写真通りに再建されていった。

3　法制度の原則

リスボンを理想の都市として再建するためには、街路の再配置は必要不可欠であり、そのためには震災前の土地所有者から土地を提供してもらう必要があった。このような土地区画整理事業を実施すれば、ほとんどの土地所有者は、震災前の土地をそのまま使用することはできなくなる。そのため、実際に都市計画を実施する前に、土地所有者の権利の問題を解決しなければならなかった。リスボン再建においては、基本的な考え方として、「個人の権利より公共の福祉を優先する」という原則を導入した。土地所有者の権利をどうするかに関しては、すでにマイアの『論文』のなかでふれられていた。また、実際に都市再建を実施するにあたって、「リスボン再建法」ともいえる「一七五八年五月一二日法」を制定し、土地所有者のさまざまな状況を想定して、その対処法を決定した。「一七五八年五月一二日法」は、都市建設の開始以前に、さまざまな問題を想定して考案された制度であるが、実際に都市建設をすすめていくにつれ、想定していなかった問題が生じた。新たに露呈した問題を解決するために、「一七五九年六月一五日法」を制定し、「一七五八年五月一二日法」を補完した。一七五八年六月一二日に承認された都市計画案は、あまりにも大胆な計画で、どんな都市でも経験したことがないようなものであったために、想定外のことが多数生じたのも当然であろう。

都市再開発を行う場合、道路の拡幅はもっとも頻繁に行われる基本的手法である。そのために土地を供出したり、建物を取り壊したり、建て替えたり、移築したりする必要が生じた際には、換地や金銭的補償をすることによって個人の権利を保障することは、現代ではあたりまえのこととして行われている。その最初の例を探るのは困難であるが、少なくとも近代的な手法のもととなった初期の例のひとつとして、一六六六年のロンドン大火後のいわゆる「ロンドン再建法」と関係する一連の法令で定められた制度がある。これに関しては後述するが、マイアの発想はロンドン再建時の手法と類似点が多く、なんらかの影響を受けていたことは間違いない。マイアがどのようにして、ロンドン再建時の手法を知ったかは不明であるが、当時のポルトガルとイギリスの関係を考えると、ロンドンでの手法をそのまま取り入れたとしても、さほど不思議でもない。もしかしたら、ポンバル侯がマイアにロンドン再建時の手法を参考にするように命じたのかもしれない。ポンバル侯は外交官時代に、急速に国力を増大させたイギリスのさまざまな施策を学んでおり、当然、ロンドンの都市制度については知っていたはずであるので、期せずして大火直後のさまざまな施策について、リスボン地震発生以前に知っていた可能性さえある。

次に、リスボン再建における法制度の詳細を明らかにするため、その根本的な考え方を示したマイアの『論文』について考察していく。ただし、これは、当時の古ポルトガル語で書かれており、原文を解読することは著者の能力を超えているので、ここではJ・M・D・マスカレンハスの解釈・解説を紹介しながら検討するにとどめる。[12]

マイアは、『論文』において、都市再建を実施するにあたり、起こる可能性のある問題を予想し、その解決策をケースごとに整理している。そのメインテーマとなったのは、再建時の土地区画整理の方法についてであった。すなわち、再建の際、新たな都市の敷地を旧都市の所有者にどのように配分するかを最重要事項と考えた。そして、いくら公共の福祉が優先されるとはいっても、土地の所有権は無視することはできず、しかも政府(宮廷)がすべてを買い上げることは現実的ではなく、市民間の土地売買の仕組みを導入した土地区画整理の方法を提案している。

土地区画整理事業を実施するために、まずは震災前の土地所有権を明らかにしなければならない。しかし、現存する地図などで敷地境界を定めることは困難であることが明確であった。したがって、それぞれの現場で、実測調査を行って、敷地境界を明確にする必要があり、それが第一に実行すべき行動とした。またマイアは、敷地の再配分にあたって、震災前の敷地面積をそのまま配分するのではなく、震災前の市街地で建物が建設できる総面積に対する個人が所有する敷地の面積の割合を求め、その比率で新たな都市の建物を建てることができる面積を配分するという原則を導入すべきだとした。

つまり、新たに計画する市街地では、街路の幅員を拡幅するため、建物を建てられる敷地面積は減少し、前者の方法で敷地を配分することはできなくなる。また、後者の手法で敷地を配分すれば、すべての土地所有者の新たな都市の敷地は、震災前の敷地と比べて狭くなるが、平等性は担保できる。そのため、後者の方法を採用するしかなかった。その際、所有者にこれを納得してもらうためには、広い街路には長所が多く、魅力的であることを伝える必要があった。特に、震災前には狭い通りにしか面していなかった土地の所有者にとっては、土地の有効性が高まり、魅力的に映るであろう。しかし、この提案を受け入れることができない所有者もいるだろう。そのため、もしも新たな都市で与えられる土地に満足がいかない場合や、配分される土地が既定の値より少ない場合には、所有者は金銭的補償を受けることができるようにすることで対応する。そして、土地所有者に対して、新たな都市において、みずから建物を建てることを義務づけたが、もしもそれが不可能な場合には、リスボン市参事会が肩代わりして建物を建設し、入札によって販売することにした。この場合、市参事会は建設費を捻出しなければならなかったが、建物を販売することによって得られた収入を充填することで、相殺することができると考えた。以上が、マイアが考えた原則であった。

4 リスボン再建法

マイアが提案した原則によって、実際に工事をすすめていくためには、法制度の整備が必要となる。そして、そのために制定されたのが「一七五八年五月一二日法（リスボン再建法）」であった[13]。「一七五八年五月一二日法」では冒頭で都市再建の原則が示された。すなわち、新たなリスボンの建設は、国王の名のもと実施されるものであり、優雅で整然としたポルトガルの首都再建のために、公共の権利が最重要とされるものであるということが述べられる。それに続き、公共の権利と個人の権利が明確に定義された。また、都市再建を迅速に遂行できるよう、以下のことが定められた。

- 新たに開発される地区の範囲は、現実の土地に合わせて決定する
- 都市再建にあたって、資金または建設材料や労働力の提供によって再建に貢献した個人には、土地配分において優先権が与えられる
- 計画の実施にあたっては、建物が全壊せず修理を施せば使用できる場所でも道路幅を拡幅し、新たに街路が建設される場所では利便性を高めるために、まっすぐで十分な幅員の街路とする
- 土地所有者は、契約日から完成まで五年以内に、配分された土地に建設する建物の工事を完了させなければならない。もし、所有者が定められた期間に定められた建物を再建できなかった場合、

大臣（ポンバル侯）によってただちに訴訟され、土地・建物は強制収用される。その場合、慣例として、隣接する土地の所有者に収用された土地・建物を購入する優先権が与えられる

- ある一定金額（三〇万レイス［Reis］）以上の価値がある物件の所有者は、大臣によって定められた賃貸料などに不平がある場合、高等法院に上告することができる
- 新たな道路が建設されたことによって、通風や採光、ロケーション（立地条件や眺望）、交通量などといった新たな特性が生じ、これらによって所有する土地の価値が上がった所有者は、通りを新設するために土地を収用された所有者の補償をしなければならない
- もしも市街地を離れる場合には、入札または土地の評価が遅れないために、一〇日以内または三〇日以内に公示を行い、関心がある個人に知らせなければならない。もしそれを実行しなかった場合、義務の不履行とみなされる
- 再建または建物の修理に融資がなされた場合、貸付金は債務者によって管理され、債権者は負債の支払い終了までに得られた利益を裁判所に毎年報告をすることを義務づける

第9章　ポンバリーノ建築

1　バイシャ・ポンバリーナ

リスボン再建時の画期的なアイデアは、旧市街地、すなわちバイシャ地区に集中している。[1] そのため、再建されたリスボンの中心市街地は、現在、「バイシャ・ポンバリーナ」と呼ばれている。バイシャ・ポンバリーナは、約二〇ヘクタールの広さからなる。人口の集中が地震時の被害を大きくしたことから、再建時には人口密度を低く抑えることが最大の目的ではあったものの、この地の経済的ポテンシャルが重要視され、結局、一ヘクタールあたり一〇〇住戸という高密度の都市として建設された。バイシャ地区に再建された都市建築は、新都市のコンセプトにしたがって、美しく、機能的で、防災上も優れたものとするために、さまざまな規制が施された。そのため、構成ならびに意匠のヴァリエーションが限定され、すべて同じような建てられ方をしており、同一の建築形態が生じ、一般に「ポンバリーノ建築」または「ポンバル建築」と呼ばれている。また、ポルトガル建築史では「ポンバリーノ様式」または「ポンバル様式」という建築様式のカテゴリーさえ確立されている。

ここでは、バイシャ・ポンバリーナの都市計画上の特徴をみてみよう。図9-1は新たに計画された新市街(左)と旧市街(右)の典型的な一〇〇メートル×一〇〇メートル(一ヘクタール)の土地利用状況を抽出したものである。旧市街では、狭く曲がりくねった道路が自由自在に張りめぐらされ、それ

図9-1　新市街と旧市街の比較

によって不規則な大きさ・形状の敷地ができている。それに対し、新市街では、街路は十分な幅員をもち整然と配され、これらの街路で囲まれた矩形の街区が数個あり、各街区にはそれぞれ中庭が設けられ、すべての住戸が街路に面するよう工夫されている。一目で健全な都市に生まれ変わったことがわかる。

新・旧の市街のもっとも顕著な相違は、街路の幅員に表れている。十分な街路幅は、美しい都市景観をもたらすとともに、地震の際の建物の倒壊による負傷者を減らし、火災時も消火活動が容易となり、延焼の防止にもなる。さらには、採光・通風も十分とれ、健全な居住空間を提供することができた。同様に、整然とした建物配置は、美的効果をもたらすのはもちろんのこと、災害時の安全の確保にもつながるとの考えのもと、新都市は建設された。そして、新都市につくられる街路は、「大通り」「主要街路」「その他の街路」の三種類のいずれかにすることが決められ、その幅員も定められた。また、計画段階から、街路には歩道を導入した点も画期的であり、ペイヴメント（舗装）の違いで車道と歩道を区画した。これはマイアの発案で、ロンドンを手本としたものと考えられている。当時としては斬新であったこのアイデアも、舗装の精度が悪く、夜間にはつまずきのもとになり、市民の評判は悪かったという。[2]

ほかにも、時代を先取りする工夫がいくつもあった。インフラの整備といった観点でみると、街路網の整備とともに、都市衛生への配慮も最先端をいっていた。地震前のリスボンは、決して衛生的な都市ではなかったが、新たなリスボンでは、ゴミ対策、下水対策によって、衛生的な都市環境を維持しようとした。都市衛生の重要性は、この頃からすでに、さまざまなところで指摘されていた。たとえば、第五章で述べたポルトガル人医師アントニオ・ヌネス・リベイロ・サンシェスは、この問題に強く興味を抱いていた人物であり、『公衆衛生に関する論文』（一七五六）は貴重な研究成果であった。しかし、実際のほかのヨーロッパ都市はというと、こういった配慮がなされていたのはまれであった。一六六六年の大火後に再建されたロンドンでは、この点を意識して再建されたものの、その後はヴィクトリア朝の人口の都市集中によって衛生状況は乱れ、一九世紀半ば以降に住宅や都市に関するさまざまな法律が制定される原因となった。[3] フランスの首都パリでも、都市が不衛生であったため、コレラなどの伝染病の流行が頻発し、これを改善するために、一九世紀半ばにセーヌ県知事のジョルジュ＝ウジェーヌ・オスマン（一八〇九〜九一）によってパリ大改造が実施されるにいたったという状況であった。つまり、リスボンにおける都市衛生への配慮は革新的であり、特筆に値する。

震災前のリスボンでは、ほかのヨーロッパ都市と同様に、ゴミは道路に放り投げられていた。そのため、市内の道路には汚物がたまり、ひどい場合には道路面が建物の一階の床高より高くなることもあり、汚水が建物内に流れ込むことすらあった。新都市では、ゴミは一カ所に集める方法が採用された。また、下水の処理も大きな問題であった。新都市建設にあたり、遺体が埋まった瓦礫を掘り起こすことは避けて、その上に地盤面をかさ上げすることになったが、この特殊な事情を反対に利用して、新設する街路の下に下水道を設置し、建物からの排水を流すシステムを導入しようとした[図9-2]。これは、北の高台からテージョ河へと下るリスボンの自然の高低差を利用した排水設備であった。ただし、これが可能となるのは南北の大通りだけであり、東西方向への排水はできなかったので、それ以外の場所では、中庭などに下水をためておく方法をとるしかなかった。そのため、たまった下水の処理を怠ると伝染病の発生につながる可能性もあり、課題のすべてを解決できたわけではなかった。また、街燈が少なく、夜間に犯罪を誘発する可能性もあるという問題もあった。

下水処理とセットで、上水の整備も行われた。主要箇所に泉(水汲場)が設けられ、そこから各住戸へ水を取り込み、給水栓から水が供給できるようにした。しかし、一部では古い水道網も用いられた。これらの水道システムは、飲み水、生活用水としてはもちろんのこと、火災の際の消火にも使えるように計画されていた。主要な泉(水汲場)は、コメルシオ広場、ロシオ広場などに設けられ、都市施設

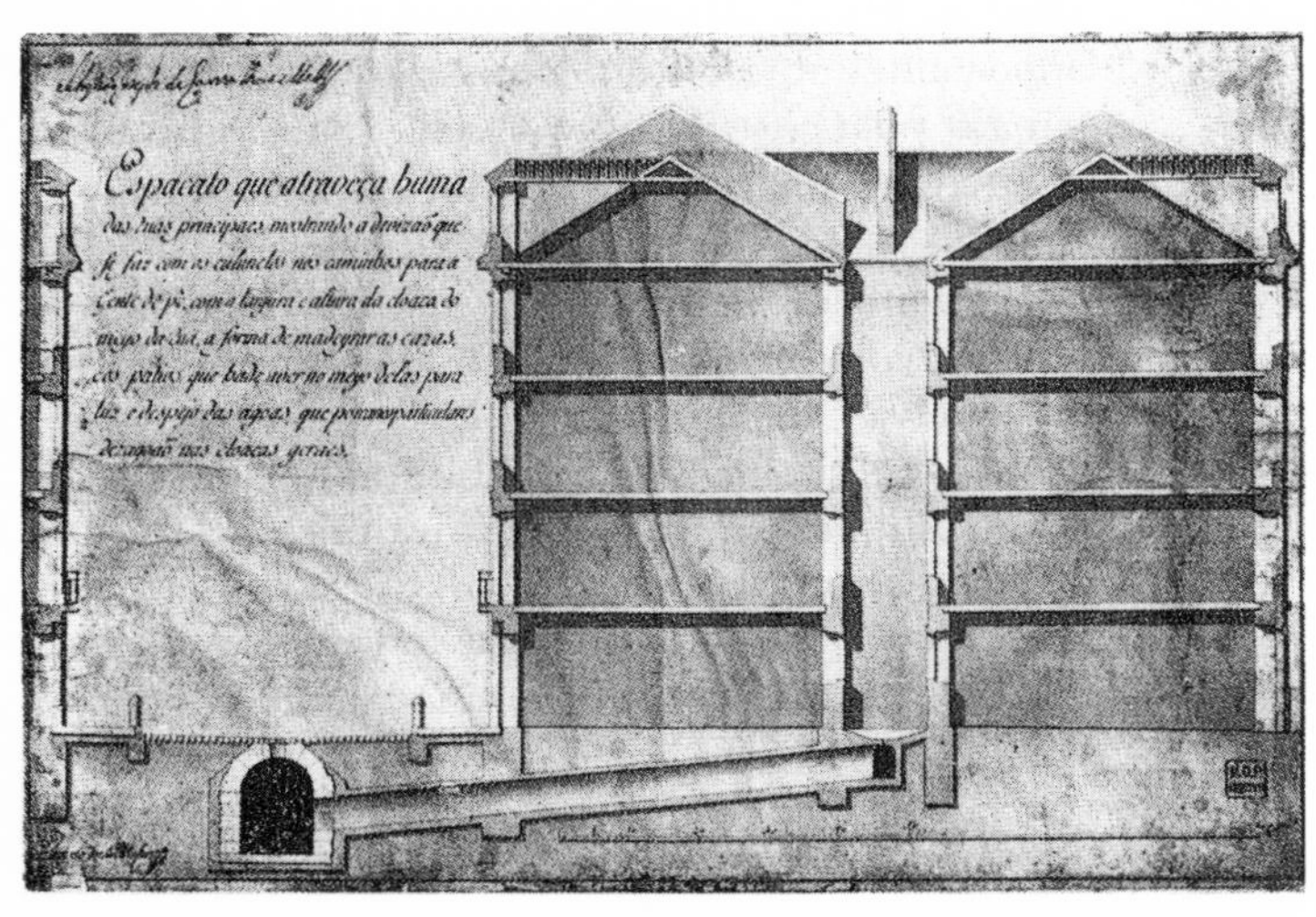

図9-2　下水道システム（サントスによる設計図）

として重要な役割を果たすことになった。

このように、リスボン再建においては、区画整理事業によって街路の計画的配置を実現し、グリッド・プランを採用した整然とした都市構成を達成した。これは、災害時の安全性を第一に考えたものであり、延焼防止、避難誘導といった観点からのアイデアであった。また、津波の教訓と瓦礫の撤去の作業を省略する目的から、瓦礫を利用して全体をかさ上げするといった工夫もみられる。そして、この独自性を利用し、下水道設備を設置するなど都市衛生をも考慮した理想の近代都市を築いていった。もちろん、ここに建てられる個々の都市建築に関しても、さまざまな規制を設けて、美しく、安全な都市を形成しようとするが、これについては後述することとする。

2　建築規制

マイアの『論文』によって示されたコンセプトを、王立公共事業計画室が実際の自然形状に合わせて都市の全体像を表す計画図として作成し、「一七五八年五月一二日法」(リスボン再建法)の制定によって実施に向けた道筋がつけられた。そして、この都市計画に沿って、具体的にインフラを整備するとともに、都市建築を建設していくことになる。ここで特徴的だったのは、公共事業計画室がインフラを計画し、建設したのみではなく、都市内に建てる個々の都市建築についても理想を追求し、規制を加えた点にあった。その際に実施した建築規制には、二つの目的があった。ひとつは「都市の効率的な機能性と都市景観の統制」のためであり、もうひとつは「安全性の確保」のためであった。最初に前者について、すなわち、都市建築の基本構成とデザイン規制について検討していきたい。

サントスが作成した都市計画では、十分に幅員がとられた縦横の街路によって、整然と構成された矩形の街区が計画されていた。その際、サントスは、街路の安全性に配慮し、街路の幅員を定め、それらを縦横に配しただけではなく、そこに建てる建物の平面構成についても、都市計画図作成の段階で考えていた。各街区には、建物を敷地いっぱいに建てて中庭を設ける。つまり、街路側と中庭側の両側に窓を設けた建物でロの字の平面をつくる。それによって、街路沿いには、縦割りの集合住宅が連続して並ぶことになる。ここで、街路に面しない部屋の採光を考えると、中庭がやや狭過ぎるような気がするが、中央の中庭は採光のために計画されていたことは間違いない。そして、街路に接した部分は、一階(グラウンド・フロア)を店舗とし、二階以上は集合住宅とすることを義務づけた。これによって、中心市街地の街路沿いの一階レベルはすべて店舗となり、まちに賑わいがもたらせるとともに、十分な数の住戸も確保できることになる。建物の内部は、プライベートな空間として比較的自由に建設することができたが、街路に面した部分、すなわちファサードは街路幅員によって階数が定められ、デザインも規制された。これによって、商業都市としての機能と統一した都市景観を得ることが可能となった。これが、バイシャ・ポンバリーナの基本理念であった[図9-3]。このアイデアは、マイアによる第二段階のコンセプト案ですでに示されていた概念で、ファサードを統一することによって、統一感がある美しいまちなみ景観が形成された。

このように、バイシャ・ポンバリーナの都市建築に関するさまざまな規則は、インフラの構造や都市機能と関連づけられて定められた。[4] 特に、美しく、統一感がある景観を達成するために、建物のファサード(立面)の意匠にも制限がなされた。

まずは、鉛直方向の規制をみてみよう。現在のバイシャ地区には、おもに五階建ての建物が並んでいる。本来、マイアは建物の耐震性を考え、三階建てにすべきだとしたが、その後、バイシャ地区の経済的な有効性が求められ、サントスは、都市建築は四階建てで統一しようとした。そして、コメル

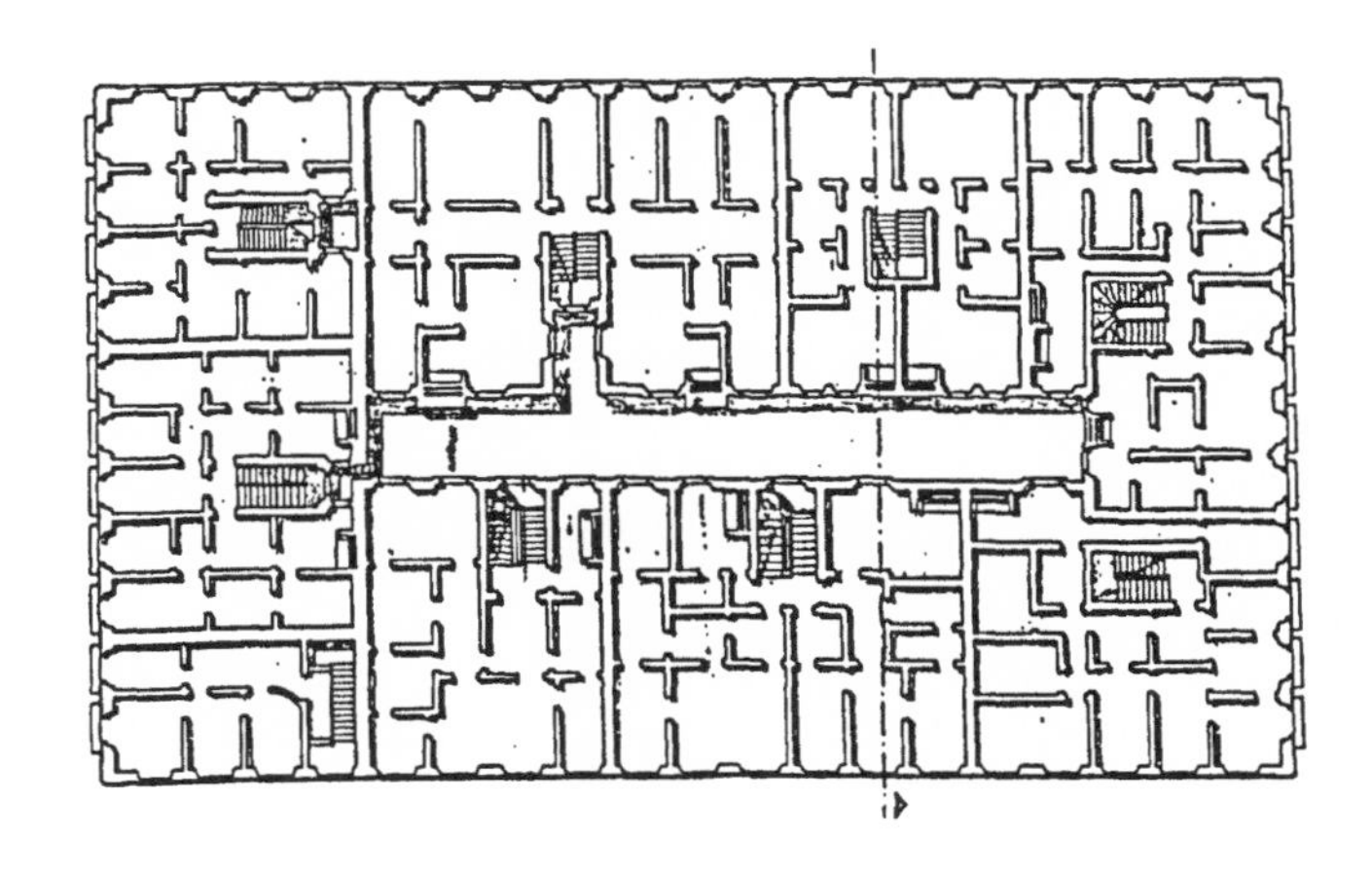

図9-3　バイシャ・ポンバリーナの典型的な1街区の平面（上）ならびに立面（下）

シオ広場に公共建築を設計し、その建築がリスボンの都市建築の雛型となった。しかしその後、都市内の床面積の需要がさらに高まり、徐々に規制が緩和され、一〜二層増築されるのが一般的となり（屋階［アティック］が加わることもあった）、現在では五〜六階建ての建物が主流となっている。

これら垂直方向の建築規制は、前面道路の幅員によって定められた。この方法は、すでにロンドン大火後の再建でみられる。[5] 現在でも都市建築の高さを定める際の基準となっている考え方であり、わが国の建築基準法の道路斜線も同様の考えにもとづく制度である。リスボンの場合、街路を三種類に分けて、階数やファサードの造作・仕上げが定められた［表9-1］。もっとも太い「大通り」は、幅員が六〇パルモス（一三・五メートル）と定められ、両サイドには一〇パルモス（二・二五メートル）の歩道を設置しなければならず、それに面する建物のファサードはすべて石材でおおわれ、すべての開口部の枠は石材にしなければならない。また、一階には店舗を設けることが義務づけられた。その上部は一階とは区画され、二階には鉄製のバルコニーが付いた石製のバルコニーを設け、フランス窓（両開きの掃き出し窓）を設置し、三階以上は腰壁付きの窓とすることが定められた。次に太い「主要道路」は、幅員を四〇パルモス（九メートル）とし、両サイドに一〇パルモス（二・二五メートル）の歩道を設けることとされた。主要街路の構造は、基本的に大通りに準ずるものとされたが、ある程度の簡略化が認められた。人がでることができるバルコニーを設けることができるのは、大通りに面した建物のみであり、主要街路ではフランス窓は禁止され、腰壁付きの窓としなければならなかった。「その他の

街路の種類	幅員	歩道	建築規制
大通り	60パルモス（13.5メートル）	両サイドに10パルモス（2.25メートル）	1階はアーケードをもった店舗とする
主要街路	40パルモス（9メートル）	両サイドに10パルモス（2.25メートル）	2階以上のフランス窓を禁止 馬車の通行を可能とする
その他の街路	30パルモス（6.75メートル）		バルコニー禁止

表9-1　バイシャ・ポンバリーナの街路と都市建築の規制

街路」は、幅員を三〇パルモス（六・七五メートル）とし、バルコニーを設けることが禁止された。また、馬屋は主要道路から直接アプローチするのではなく、路地からアプローチできるようにしなければならなかった。それ以外にも、階高や窓の形状・大きさなども定められた。階高は上に行くほど低くしなければならないとされたが、実際には、サントスがコメルシオ広場に設計した公共建築の寸法にならう例が多く、事実上統一された。また、屋階は収納とし、天井を張らなければならず、ドーマー窓を設け、小屋裏換気とデザインの統一を図らなければならないことなどが定められた。

ファサードの規制は水平方向にもあった。水平方向の統一は、窓を基本単位として行われた。窓の幅が定められ、窓二つが最小単位となり、その倍数が間口寸法となった。つまり、都市建築は二つの窓からなる間口のユニットか、四つの窓からなる間口のユニットで構成され、三つの窓や五つの窓からなる間口の住戸は存在しない。

これらのファサードにおける水平方向の規制によって、リスボンの都市建築には、標準的仕様、すなわち「標準プラン」が誕生した。[6] 一階(グラウンド・フロア)を店舗とし、その上部の二階から四階までの三フロアは居住空間(住居)となり、その上に屋階を設ける。また、街区を分割して独立した建物が建てられることはなく、原則、街区単位で建物が建てられた。そのため、グラウンド・レベルでは、まち全体がショッピング街となり、その上部は集合住宅となった[図9-4][図9-5]。

このように、ポンバリーノ建築は、景観の統一性といった視点から、垂直方向と水平方向に規制が加えられ、デザインのヴァリエーションが制限された。また、地震時に、壁に施された装飾が落下して、通行人に被害が及ぶことがないように、壁面の凹凸は少なくされた。その結果、ポンバリーノ建築のファサードは、一見では、同時代におけるほかのヨーロッパ諸

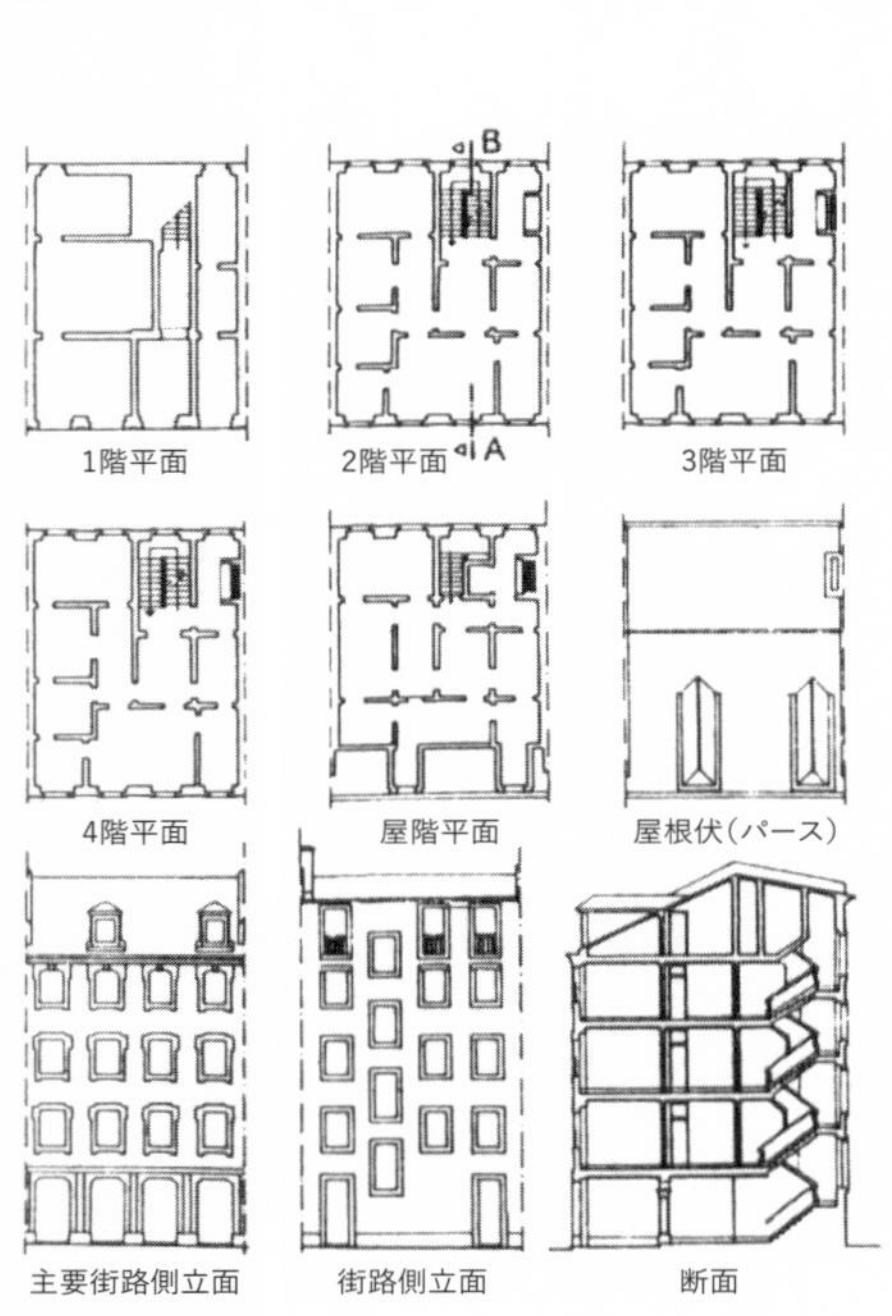

図9-4　ポンバリーノ建築(建設当初の標準プラン)

国の都市建築のものとさほど差はなく、やや単調なデザインであるとしか感じられないかもしれないが、デザインのヴァリエーションはきわめて少なく、画一的なのが特徴となっている。ただし、ファサードのデザインは、街路の種類やまちなみに及ぼす重要度によって、明確に区分されており、雛型が設定され、それに厳格にしたがって建設されたことがわかる。[7]

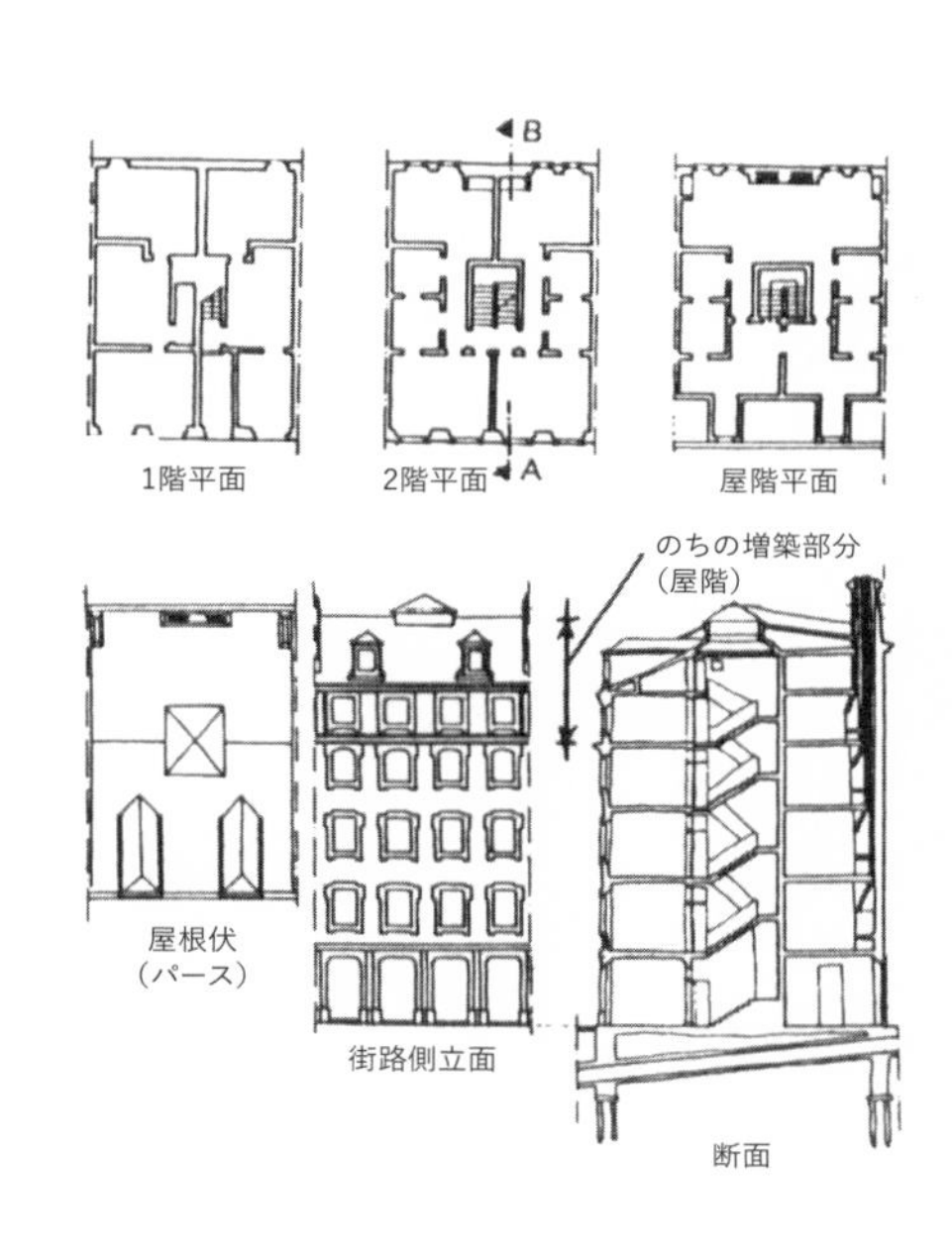

図9-5　ポンバリーノ建築での増築

3　耐震対策

リスボン再建は、災害によって壊滅状態に陥った都市の復興であり、防災都市という目標が最重要課題として根底にあった。十分な幅員がある碁盤目状の道路網からなる都市計画は、防災都市を意識した計画であったことはすでに述べた通りである。防災対策は都市計画のみならず、再建時に建てられた建築自身にもあった。ここでは、ポンバリーノ建築の防災対策に関して、整理していきたい。防災建築のなかでも、まずは耐震の観点での創意工夫について取り上げる。

マイアが再建都市の全体像を考えた際、高層建築には耐震上の欠点があるため、すべて三階建てとすべきと考えた。しかし、これでは都市内に十分な床面積を確保することができないとの反発があり、結局、サントスは十分な街路幅を確保することを条件に、前面道路との関係で四階建てまで許容したことは、すでに述べた通りである。これは、建物の高さを制限することによって地震時の被害を最小限に抑えようとするもので、耐震上、問題がある建築は建設させないという考えにもとづくものであった。

一方で、積極的に耐震性を確保しようとする工夫もあった。その代表例が石造建築の中に木造軸組構造を組み込む混構造を採用することであった[8]。この木造軸組は、一般に「ガイオラ」[図9-6]と呼ばれている。ガイオラとは、本来は鳥小屋という意味であるが、縦横に細かく木材を組み合わせて空間を構成しているため、この木造軸組もこう呼ばれた。地震発生時に、石造建築の地震被害が著しかったのに対し、市街地をやや離れた丘陵地区の木造建築の多くは地震被害をほとんど受けなかったことから、木造軸組による構造補強が発案されたといわれている[9]。こういった発想は、ほかに例をみず、ポンバリーノ建築はヨーロッパ初の耐震建築とみなされている。

図9-6　ガイオラ

ここで、ガイオラを採用したポンバリーノ建築を、建築構造の観点から、もう少し詳細にみてみよう。一般に、石造建築といっても、すべてが石でつくられるのではなく、通常は木材も用いられる。すなわち、石造建築やレンガ造建築といった組積造建築では、主要構造体（柱、梁、壁など）は石やレンガでつくられるが、各階の床や小屋組（屋根を支える構造）、屋根面を構成する下地（野地板）、間仕切壁や窓やドアの枠は木材でつくられるほうが多い。純粋に石やレンガでつくられる部分は壁のみか、せいぜいヴォールト構造（石材でアーチをつくり、それを平行移動して天井を形成したもの）を採用した天井が加わるぐらいである。組積造構造の外壁は、垂直荷重を負担する。組積造の壁は垂直力には強いが、地震動のような水平力にはもろい。したがって、地震に備えるためには、その補強が必要となる。一方で、木造軸組構造とは、垂直方向は柱で支え、水平方向には縦・横の二方向に渡した梁で支える構造で、垂直方向以外に、縦・横の水平方向の力にも耐えることができる。つまり、縦、横、垂直方向の三次元を、それぞれ木材で支える構造で、ひとつの空間を形成する最小限の単位は、六本の木材で支える直方体となる。この場合、直方体のそれぞれの面は長方形となる。長方形は横からの力で、直角が崩れ、平行四辺形に変形しやすいが、それを防ぐためには三角形をつくる斜めの材を加えてやればよい。こうして導入されたのが、「ブレース（筋違）」と呼ばれる斜めの材である。これによって、木造軸組構造は堅固となり、安定する。ポンバリーノ建築では、石造の壁を補強するために、この安定した木造軸組（ガイオラ）を組み入れた。一般に、ひとつの建築に異なる構造を用いると（「混構造」という）、地震の際、外力に対し異なるメカニズムで耐えようとするので、部分的な破壊が生じるなど、あまりよいとはされておらず、現代ではあまり推奨されていない。しかし、二つの異なった構造によって、地震の際、部分的な外壁の破壊は起こるかもしれないが、倒壊にはいたらず、内部空間はある程度保たれると考えた。そのため、石造のみでつくられた場合と比べて、犠牲者を減らすことは可能となる。この発想のもと、ポンバリーノ建築では、この混構造が採用された。その際、マイアたちは、小さな木製模型をつくり、その周りを兵士たちが行進して人工的な揺れを起こし、耐震性を確認したといわれている。[10]

ポンバリーノ建築では、この木造軸組（ガイオラ）を二階以上の住居部分の主要壁体に組み込み、構造補強を図っている。他方、店舗として用いられる一階（グラウンド・フロア）部分は石造のみでつくられており、ガイオラは用いられてはいない。ただし、一階の壁は二階以上と比べて厚くされるなど、

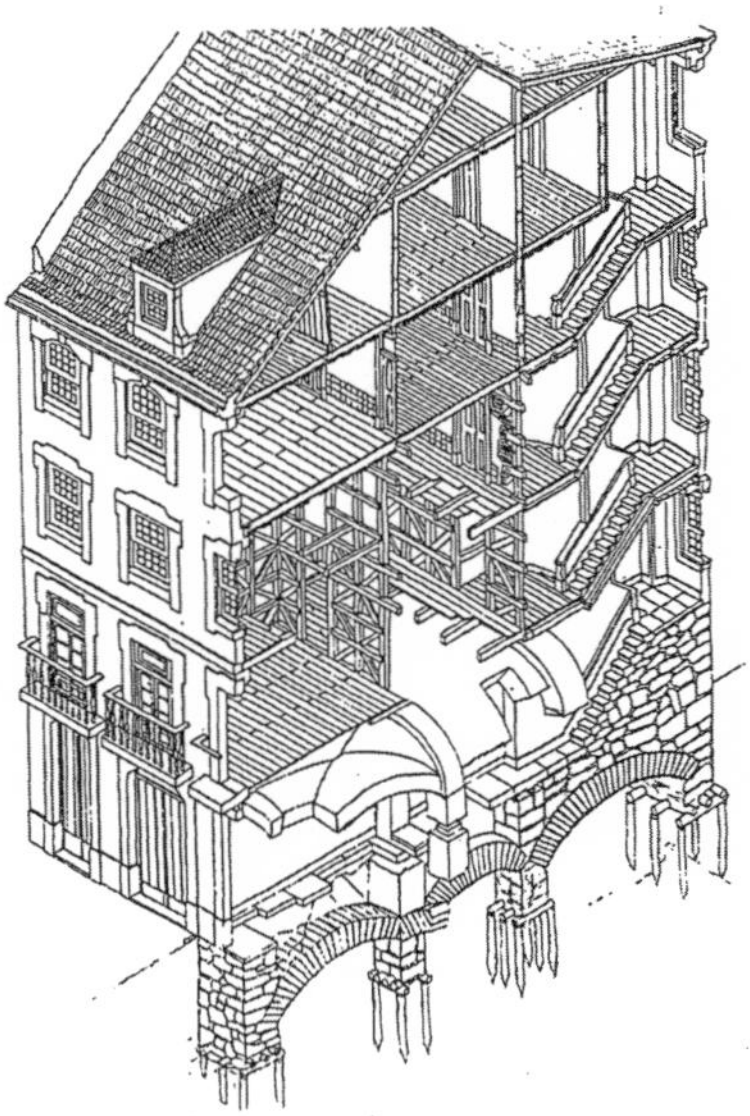

図9-7　典型的なポンバリーノ建築
（S. Julido通り110番地）の構造図

一階部分と二階以上とでは、異なる構造原理が採用されていた。つまり、上部の構造では、木造軸組構造によって補強することで薄い壁でも十分な耐震性能をもたせることができ、建築重量の軽量化も可能となると考えた。それに対して、一階では天井に石造のヴォールトを使用して、一階と二階以上の部分を区画するなど、耐震対策とともに防火対策にも配慮したものと考えられる。このように、外観と同様に、建物内部もまた、安全対策を講じた雛型をつくって、それに沿って建設されていった［図9-7］。

4　防火対策

次に、防火対策の観点からポンバリーノ建築をみていく。ポンバリーノ建築には、地震火災の教訓から発想したと考えられる工夫がいくつかある。まずは凹凸が少ないファサードに着目していただきたい。ヨーロッパの様式建築では、オーダーと呼ばれる柱と梁の組み合わせを立面のデザインに取り入れるのが一般的な手法であり、窓はアエディキュラと呼ばれる神殿の正面をモティーフとした破風がつくデザインとされるのが一般的である。これに対し、ポンバリーノ建築の窓は周囲に枠がつく程度であり、ほとんど凹凸がなく、前述の通り、バルコニーの設置も制限されていた。凹凸が多い立面は、地震の際に壁の一部が崩壊し、落下する可能性が高く、また、火災時にも熱で破壊される可能性がある。そのため、地震時においても、火災時においても、凹凸が少ないファサードは安全である。[11]このファサードの規制は、ロンドン大火後の再建建築でも定められており、ロンドンでは、結果として凹凸の少ない一様なデザインの壁面の集合住宅が多数建てられ、これがのちに「ジョージアン・テラス」と呼ばれる特有の都市建築の誕生につながった。[12]リスボン再建時のファサードの規制には、当初から、都市建築のデザインの統一と地震や火災への対策という二つの目的があったと考えられる。

ポンバリーノ建築で最初に採用された独自の延焼防止の工夫として、界壁（集合住宅などの隣家との境界壁）の規制があった。バイシャ地区の都市建築では、界壁は石造としなければならず、また、屋根よりも高くしなければならなかった。これによって、もしもなんらかの理由でどこかの住戸で失火した場合でも、隣家への延焼を防止し、火災の規模を最小限にとどめようとした。現在でも、ポンバリーノ建築の屋根をみると、屋根より高く伸びた界壁をみつけることができるが、これは当時の名残である。形態は異なるものの、日本建築にも「うだつ」という、町屋のファサードで下屋の上に設けられ、屋根より高くされた境界壁がある。発想はまったく同じである。

また、耐震対策のところで述べたように、木造軸組（ガイオラ）は二階以上の部分に用いるが、店舗として用いられる一階（グラウンド・フロア）部分は石造とし、ヴォールト天井によって防火区画をしている。地下には、貯水槽を設けるなどの対策も行われている。それぞれの教区では、教会堂にポンプを備えた消防自動車と十分な量の革製のバケツが用意された。バイシャ地区への消火用水の供給は重要であり、理想としては、大通りには防火水槽を兼ねた泉（水汲場）を設け、各住戸には消火栓を設置したかったが、すべての地区で導入することはできず、これができなかった箇所では、古い上水道を利用することにした。また、泉（水汲場）の水は、通常は生活用水として用い、火災時には防火水槽となることが期待された。[13]

バイシャ・ポンバリーナでは、近代の都市計画ではあたりまえになる防火のためのゾーニングの発想も導入されている。たとえば、室内で火を用いるパン屋は一カ所にまとめられ、通りに沿って背の高い壁が設けられた。[14]ただし、パン屋の竈（かまど）から出火したのはロンドン大火であって、リスボン地震の失火とは関係がなく、これはロンドン大火での言い伝えに影響されたのであろう。

5　プレファブ化と規格化

すでに述べてきたように、ポンバリーノ建築は、雛型に沿って建設された。その第一の目的は、都市景観を統一することにあったが、それに加え、都市再建にかかる時間の短縮といった重要なねらいもあった。つまり、標準プランで都市建築を建設すれば、個々の建物の設計に要する時間が短縮できるばかりでなく、同じ材料でつくられた同寸法の建築部材を大量に使用することになるので、それをプレファブ化（工場生産）することによって、施工時においても建築部材の供給も計画的に行うことができ、工期短縮が期待できる。しかも建築部材の品質が向上し、工事の精度が上昇する。同時に、建築部材のプレファブ化は一般に大量生産（マス・プロダクション）とも結びつくため、ポルトガル国内産製品の大量生産と消費につながり、ポンバル侯が目指した国内産業の推進とも合致する。これが、リスボン再建時に標準プランが採用された理由だと説明されることもある。標準プランの導入（標準設計）と建設時間の短縮、プレファブ化、建築部材の大量生産の関係については、十分に理解できるだろう。一方で、標準設計は建築設計・施工における規格化（モデューラー・コーディネーション）と密接な関係があると考えられており、ここでは建築施工に着目しながら、リスボン再建時の建築における規格化について考察していく。

一般に、建築工事において寸法が規格化されれば、工場経営者にとっては、発注される以前から、規格寸法に沿った製品を製造することが可能となり、製造効率がよくなる。また、規格寸法に合致しない製品を製造する必要がなくなり、販売歩留まりも高くなり、大量生産してもリスクは少なくなり、経営的に安定する。他方、大量生産が可能となると、当然、製品の単価が下がる。同時に、同寸法のプレファブ製品の種類も増やすことも可能となり、設計者または施工者の立場からは、製品の選択の幅が広がる。その結果、建設費を抑えることができ、施主にとっても、メリットが生ずる。そのため、標準設計においては、同時に寸法の規格化を導入することが多い。ただし、この発想は、現代の建設工事においてのはなしである。はたして、リスボン再建時に、この関係が成立していたのだろうか。現存するポンバリーノ建築の寸法計画に関しては、現地調査にもとづいたリチャード・ペンらの研究やJ・M・D・マスカレンハスによる研究があるので、[15] ここではそれを紹介しながら、ポンバリーノ建築におけるプレファブ化と規格化、さらには大量生産との関係について検討していく。

規格化が実施されるためには、単位寸法が必須となる。当時の文献には、さまざまなところで、「パルム（palm）」（複数形は「パルモス（palmos）」）という寸法が用いられている。[16] パルムとは、親指から小指までの距離のことで、一パルムは二二・五センチメートルにあたる。[17] パルムは現在では用いられなくなった単位であるが、一八世紀には、頻繁に用いられていた。リスボン再建計画で、最初に単位に関する記述が登場するのは、マイアによる計画案の街路に関する記述である。ここで、バイシャ・ポンバリーナの街路の幅員をパルムで示し、規制している。つまり、マイアやサントスたちによる都市計画は、明らかにパルムを単位として計画されていた。また、都市建築の標準プランもパルムを単位寸法として計画されていたと考えられる。ポンバリーノ建築のファサードの実測図［図9-8］をみても、ほとんどの単位はパルムの倍数で示すことができ、明らかにパルムを単位寸法として計画されていることがわかる。また、部屋の大きさは、窓の数で定められており、部屋は二つの窓を一単位とするものと、四つの窓を一単位とするもののどちらかとなる［図9-9］。つまり、都市・建築のすべてにおいて単位寸法と部材の規格化が意図されていたことが明らかである。

図9-8　ポンバリーノ建築の窓割の寸法計画

次に、もう少し細かな部分に目を向けてみよう。ポンバリーノ建築では、外観に影響を及ぼす部分は全体のルールにしたがってつくらなければならなかったが、建物内部に関しては比較的自由度が与えられ、所有者の責任で建てられることになっていた。そのため、建物内部では、

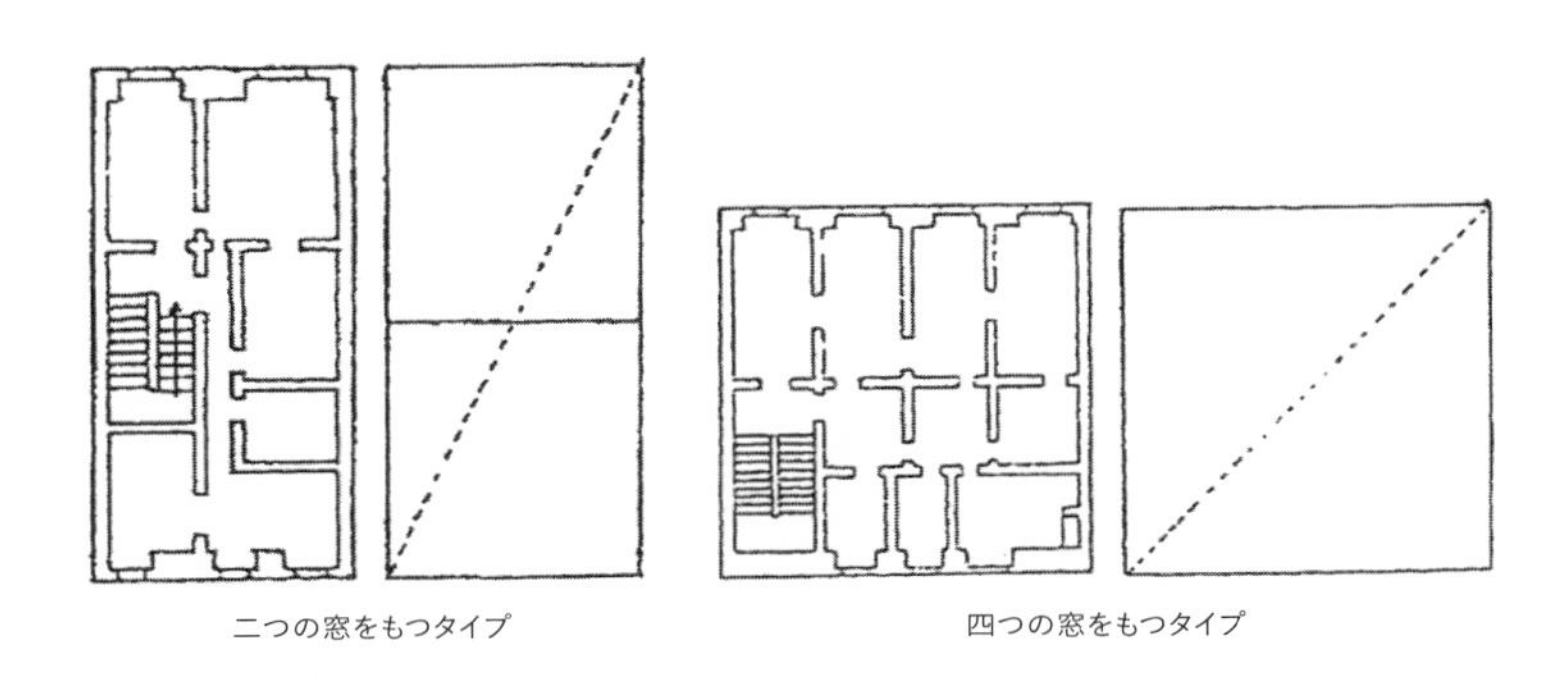

図9-9　ポンバリーノ建築の窓（右）と平面（左）の関係

外観に影響を及ぼさない窓や出入口の位置や寸法は、所有者もしくは所有者に依頼された施工業者が自由に決定できた。事実、現存するポンバリーノ建築では、外部の統一性とは対照的に、内部の平面構成はさまざまなものが存在しており、平面を統一しようとする意図はなかったようである。また、導入が義務づけられていた木造軸組のガイオラにも規格寸法があったほうがよさそうであるが、現存するガイオラの実測調査の結果、規格寸法などは確認されていない。[18]ただし、ガイオラの木部の加工面をみると、きわめて正確に切断されており、現場でつくられたのではなく、工場で生産（プレファブ化）されていたことがわかる。同様のことは、多数利用されていた鋳鉄製の階段などのプレファブ製品でもいえ、これらの製品にも、さほど明確な寸法の統一などは確認されていない。規格寸法を意識していたにもかかわらず、実施の寸法にばらつきがあるのは、建築現場での作業が影響していたのだろう。一八世紀末から一九世紀初頭当時の建設現場には、多数の熟練工がいたことがわかっており、工場である程度、規格に沿ってつくられた製品を、職人たちが最終調整して仕上げていったのが原因しているのだろう。このように考えると、ポンバリーノ建築では、規格化を十分に意識した標準設計が行われ、さらにはプレファブ化も導入されていたが、施工時の最終的な仕上げは、職人の手に負うところが大きかったといえよう。

都市を再建するための建設資材の問題に関しては、文献資料からも確認することができる。前述のリチャード・ペンらは「一七五六年五月一五日布告」「一七五七年五月一二日認可」「一七五七年六月二九日通達」の三つの文書を取り上げながら、建築資材の不足と供給に向けた試みについて考察している。[19]「一七五六年五月一五日布告」は、木材、屋根葺材、レンガの不足のため、国内外の材料を同等に用いることを許可するもので、建設資材の大量利用に対する配慮とみなすことができ、地震発生から半年の時点で、ポンバル侯は建築材料の大量生産を求めていることがわかる。ただし、これはまだ新都市建設構想が固まる前のことであり、仮設住宅または既存建築の修復用の材料のことであったと考えられる。「一七五七年五月一二日認可」は、石灰、レンガ、木材、石材などを増産し、安定価格で供給することを推奨するために、それらの生産を認めるものであった。ここでもまた、建設資材が不足しており、今後、建築部材の大量生産が必要であることを示していると同時に、そのために国内工場を建設することを推奨しているともとらえられ、結果としてプレファブ化がすすんだとみなしてよいだろう。大量生産推進ならびに製品の輸入促進のため、ポンバル侯は市場原理を優先し、輸入税や関税やその他の税を緩和した。[20]「一七五七年六月二九日通達」は、再建のための建築資材をすべて国が買い取り、標準価格で頒布するというものであった。依然として、建設資材が不足していたことがわかる。都市計画といった観点からは、いまだ新都市の都市計画が決定するまではリスボン市内の都市建築の建設を禁止しているにもかかわらず、それ以外の地域では再建が始まっており、その際、建設資材の大量生産が最大の課題であり、同時に建設資材の製造工場が建設され、プレファブ化が導入されたということがわかる。また、このことは国内の工業化の推進とも関係しており、建築施工の発展といった観点とは異なった目的で、プレファブ化が浸透していったのだろう。ただし、これらの文献は、リスボン再建計画が承認される以前のものであり、王立公共事業計画室がすすめたバイシャ地区の再建におけるプレファブ化の導入に関して、もう少し詳細に検討する必要がある。リスボン再建計画承認後のポンバリーノ建築の建設に関する文献資料はあまり残っていないが、当時の建設に関して考察するための資料として、一七五七年から一七七七年までに結ばれたバイシャ地区内の一三件の建設契約書が残っている。[21]当時の建設契約には、特定の書式などがあったわけではないようであるが、その多くは施主とマスター・メイスン(石工頭)との間のものであった。ここでいうマスター・メイスンとは、現代のゼネコンのような役割を果たしたものと思われ、建設契約書の中には、使用する建設資材に関して詳細に記述されているものがある。そこにはドアや窓の寸法がパルムによって詳細に示されており、またプレファブ製品と思われるものが含まれていることもある。これらの契約書がどの建物のものであるかは特定することはできないものの、そこに示されたものと同様の建築部材が、同時代のバイシャ地区の建築の中にいくつも確認でき、プレファブ化され、大量生産されていた部材を用いていたことは間違いない。このことから、市内には建設資材を扱う取引所があった可能性が高いと考える者もいる。[22] リスボンでプレファブ化の発想が誕生したきっかけとなったのは、震災直後にオランダから輸入された仮設住居の建設をみたことがきっかけとなったといわれており、あらかじめ加工されていた部材を組み立てることによって、たった二四時間で仮設住居が完成したことは、当時のリスボンの人びとにとって相当衝撃的であったのだろう。[23]

とはいっても、ポンバリーノ建築は、完全にプレファブ化・規格化されていたわけではない。たとえば、外壁の荒石積には、規格化された化粧板やつなぎ金物が用いられており、プレファブ化されていたことが明らかではあるが、その設置に関しては、現場で職人の手仕事によるところが大きかった。また、ポンバリーノ建築にみられる部材の中には、震災前の建物に用いられている職人の手仕事によってつくられたものと類似するものも多く、大量生産と同時に、現場での仕事量を減少させるために、プレファブ化が導入されたと思われる。このように、ポンバリーノ建築では、プレファブ化ならびに規格化が導入されていたのは明らかであるが、まだ発展段階にあったということができよう。

6　ポンバリーノ建築のデザイン・ソース

ポンバリーノ建築のデザインは、それまでのポルトガル建築とは趣を異とするものであった。それでは、このデザインはどこからやってきたものなのだろうか。これに関して、フランスの新古典主義の建築家・建築理論家であるジャック・フランソワ・ブロンデル（一七〇五～七四）による『フランス建築』（一七五二～五六）の影響が指摘されることがある。[24]たとえば、コメルシオ広場に設置されたジョゼ一世騎馬像は、『フランス建築』に掲載されたシャルル・ル・ブラン（一六一九～九〇）とクロード・ペロー（一六一三～八八）によるルイ一四世の記念碑にもとづいたものとみなされている。[25]たしかに、『フランス建築』で示された古典主義建築の原則である比例（プロポーション）や調和の概念がポンバリーノ建築に導入されたのは事実であるが、これは当時のヨーロッパの建築では当然の手法であり、特別にヨーロッパのどこかの建築や建築様式に影響されたものとはいいがたい。少なくとも、都市建築においては、採光・衛生・耐震・耐火といった建築計画上の大きな進展は、ポルトガルの植民地政策によって築かれた軍事建築の技術の結実であったことはいうまでもない。[26]他方、当時のポルトガルの外交を考慮すると、イギリス建築との関係があったのではないかと推測される。特に、ポンバル侯がイギリスに滞在していた際、イギリスではパラーディオ主義が流行しており、一八世紀のポルトガルの建築に対する影響もしばしば指摘されている。パラーディオ主義とは、イタリア・マニエリスムの大建築家アンドレア・パラーディオ(一五〇八～八〇)の建築に、特に、かれが残した『建築四書』(一五七〇)を通して影響を受けた建築界の動きをいう。イギリスでは、最初に一七世紀初頭にイニゴー・ジョーンズ(一五七三～一六五二)によってもたらされ、一八世紀にはバーリントン卿(一六九四～一七五三)が再度流行を広げ、ジャーコモ・レオーニ(一六八六頃～一七四六)によって『建築四書』の英訳版が刊行されるなど(一七一五)、大きな運動となった。コリン・キャンベル(一六七六～一七二九)やウィリアム・ケント(一六八五～一七四八)などが代表する建築家としてあげられる。ここで興味深いのは、キャンベルの『ウィトルウィウス・ブリタニクス』(一七一五)に掲載されたイニゴー・ジョーンズのコヴェント・ガーデン・ピアッツァ(ロンドン、一六三〇～三八頃)のデザインが、サントスによるコメルシオ広場の建物群のデザインと類似している点である。[27] たしかに、二つの建物の立面は類似しており、サントスが『ウィトルウィウス・ブリタニクス』を参考にした可能性は否定できない。いずれにせよ、ほかのヨーロッパ諸国と比べ、ポルトガルではあまりなじみのなかった古典主義系の建築デザインが、リスボン市内の一般の都市建築にも用いられるようになったのは事実であり、この動きが一気にポルトガル全土に広がっていったのであろう。このように考えると、リスボン再建時の建築デザインは、ポルトガルの建築史にとって、大きな変革点にあたるといえよう。

エピローグ

1　一八世紀の計画都市として

都市計画・都市建設といった観点から、リスボン再建が行われた一八世紀の世界を考えると、バロック期の絶対的権力者による理想都市の建設の時代と、民主主義のもと法律を定めてみなが納得する計画を策定し、それにしたがって都市を建設していく近代都市建設の時代の狭間にあったといえる。もちろん、この変化は、ある時点で急に起こったわけではなく、徐々に訪れたので、両者の特徴を兼ね備えるのは不思議ではない。リスボン地震後の再建の場合、住民の権利をいったん国家（宮廷）の手に委ねている。これはバロック的手法にほかならない。他方、インフラと関連づけて建築規制を行うなど、近代の都市計画の手法の早い例がとられるなど、前時代的側面と先進的試みの両者が混在している。

リスボン再建は、しばしばロンドン大火後の再建とトリノの都市計画が影響を与えたといわれる。両前者は一七世紀後半の災害後の都市再建であり、後者は一八世紀前半の大規模な都市拡張である。両者はまったく異なったタイプの都市建設であるが、それぞれの影響が指摘されているのは、異なる観点で類似する部分があるからである。ロンドン再建は、住民の権利を守りながら、法律にしたがって実施された都市再建であり、近代的都市計画の先駆けのような実例ともいってよく、近代国家を目指したポンバル侯は、その手法を採用しようとしたのは明白である。それでは、トリノの都市計画からはどのような影響を受けたのであろうか。ひとつの可能性として、バロック的都市計画の手法を学んだと考えられる。たしかに、ミラノにおいても、リスボンの再建案においても、広場と広場を大通りで結び、広場にはモニュメントを設置し、アイストップとする手法がとられている。しかし、こういった計画は、バロックの都市計画の典型であり、トリノを参考にしたとされるのは、この点だけではないのは明らかである。ここで、少々、トリノの都市計画についてみてみよう。

トリノは、北イタリアにあるイタリア第二の工業都市として知られているが、古代ローマ時代にさかのぼることができる歴史都市でもある。都市構造は、基本的に碁盤目状のローマ都市をベースとするが、中世に城壁が加わり、一六世紀末まではほぼその状態を保っていた。一七世紀初頭に五角形の稜堡（りょうほ）が加わり、急速に都市域が拡大されていった。スペイン継承戦争（一七〇一〜一四）ではトリノの戦い（一七〇六）で戦場となるなど壊滅状態に陥ったが、戦後、ヴィットーリオ・アメデーオ二世（一六六六〜一七三二、サヴォイア公［在位一六七五〜一七三〇］、シチリア王［在位一七一四〜二〇］、サルデーニャ王［在位一七二〇〜三〇］）によって、サルデーニャ王国の首都として都市の整備が行われた。その際、旧市街はそのままとし、近接して新市街を新たに建設した。スペイン継承戦争が終了した一七一四年、フィリッポ・ユヴァッラ（一六七八〜一七三六）が宮廷建築家として招聘され、都市の拡張を実施した。[1]ユヴァッラは、モニュメントが配された広場どおしを大通りで結び、ヴィスタを意識したバロック的な新市街地の都市計画を考案した。その際、特徴的であったのは、街路を拡幅するだけではなく、そこにアーケードを設けるなど、統一した都市建築を配置した点にあった。大通りに面した都市建築では、地上階部分を店舗とし、その上部を住宅とする構成をとっている。この構成は、マイアが構想し、サントスが細部の設計を行った新生リスボンの都市建築そのものである。都市建築において、低層部を店舗とし、その上部に住宅を配置する手法は、ヨーロッパでは一般的な手法であったが、景観的な統一性を意識した点が独創的であったと考えられる。リスボンの都市景観は、規則的過ぎて退屈であると批判を受けるほど、統一されている。そのもととなったのが、トリノの都市景観であったのだ。また、トリノの都市景観をデザインしたユヴァッラは、一七一九年の一月から七月までポルトガルに滞在し、建設が開始されたばかりのマフラ宮殿にかかわっており、[2]同じくマフラ宮殿の建設に携わっていたマイアは、リスボン地震が発生する以前から、トリノの都市建築について知っており、あこがれていた可能性が高い。

2 手本としてのロンドン再建

リスボン地震後の都市再建のすすめ方は、一六六六年に起きたロンドン大火後の都市再建の手法と類似する点が多い。もちろん、当時、すでに世界をリードする近代列強国イギリスの首都であり、国際商業都市として君臨していたロンドンは、すべてにおいて手本であり、しかも約一世紀前の災害後に都市再建を達成したとあれば、そこで用いられた方策を参考にするのは当然のことであろう。ただし、社会的背景が異なる状況で、まったく同様の方法を採用することは困難であると想像でき、その相違こそがリスボン再建の特性とみなすことができる。ここでは、リスボン再建をロンドン再建と比較しながら、リスボン再建の特性を明らかにしていきたい。

ロンドン大火が発生したのは一六六六年九月二日の未明である。つまり、ロンドン大火の八九年後にリスボン地震が発生したことになる。両都市の再建は、一七世紀半ばのイギリスの首都と一八世紀半ばのポルトガルの首都における大惨事後の対応であり、同じヨーロッパの国家の首都といっても、時代や国の特性など、大きく異なった背景のもとで行われた。一七世紀半ばのイギリスは、ピューリタン革命（一六四二〜四九）、共和制（一六四九〜六〇）、王政復古（一六六〇）、名誉革命（一六八八）と続く混乱期のまっただなかでありながらも、議会制民主主義が芽生え、市民が台頭するという新しい動きが起こり、王権は衰退しつつあった。大火後のイギリスは、国家体制が激動するばかりでなく、国内産業が急速に発達し、近代国家として成長していった。他方、一八世紀半ばのポルトガルは、大航海時代の栄華に陰りがみえ、列強各国に比べ後れを取っていたにもかかわらず、膠着状態であった。しかし、地震後、ポンバル侯の大胆な改革が始まり、「啓蒙主義改革」と呼ばれる時代に突入し、そのなかで都市再生が実施された。

災害直前の都市としての状況はというと、両者とも国家の首都であり、国際商業都市としても注目される存在であったにもかかわらず、どちらも中世の状況を脱することはできず、過密、細く迷路のような路地、不衛生な環境といった都市問題を抱えていた。ロンドンの場合、ローマ時代の構成をそのまま保ち、市壁内の過密からさまざまな問題が生じていたのに対し、リスボンの場合は、イスラム的要塞都市をベースとし、起伏がある土地に、丘の上と低地といった異なる性格の地区からなるという違いがあったが、どちらの都市も無計画な都市拡大であったため、不規則で十分な幅員もない路地でできた街路網が最大の問題であるという点は共通していた。そして、両都市とも、災害をきっかけに、これらの都市問題を解決することが目標とされた。

次に、具体的な都市再建の手法を比較してみよう。最初に、都市再建の主体についてである。王政を敷く王国の首都にあって、都市再建の責を負うのは国王であり、宮廷が関与するのは当然のことである。一方で、ロンドンもリスボンも自治都市であり、独立した自治権を有している。そのため、都市計画を決定する権利は市民にもあり、市民の意思決定機関である市参事会が関与することになる。ただし、この宮廷と参事会の関係が、ロンドン再建時とリスボン再建時では異なっていた。ロンドン再建の場合、市参事会の権限は強かった。火災直後に、国王・枢密院・国会からなる宮廷サイドと市民を代表する市参事会が、同時並行で再建案を検討していった。結果として、両者は協力して再建をすすめることになるが、スタート時点では、それぞれ別個の立場で再建を実施しようとした。それに対し、リスボン再建の場合、当初は参事会の意見も聞きながら都市再建をすすめてきたが、一七五八年六月一五日の段階で、ポンバル侯は都市再建の権限を参事会から奪い取り、宮廷主導、実質的にはポンバル侯の独断で、再建がすすめられていった。

また、ロンドン再建もリスボン再建も、法律を制定し、それにしたがって実行されていくが、法律の制定については、ロンドン再建の場合、議会(国会)で議論がすすめられたのに対し、リスボン再建の場合、マイアによって法律の原案が検討され、ポンバル侯によって王令として通知され、実効性をもった。つまり、まだ議会が発達していなかったポルトガルでは、宮廷で王令(法律)が作成され、それにしたがって都市再建がすすめられた。

都市再建にあたり、都市計画案が作成されるのが一般的である。都市計画案の作成には、道路の幅員や街路網の構成、広場や公共建築の配置、都市建築の規制など、技術的な検討が必要となり、その分野の専門家の力を借りることになる。ロンドンの再建の場合は、最初、国王チャールズ二世は三名の建築家を再建のための委員として選出した。[3] 英国王室には、中世以降、王室営繕局という組織があり、常にお抱えの建築家がいた。ロンドン再建にあっても、国王および枢密院は、王室営繕局の建築家に再建計画をまかせようとした。[4] 他方、ロンドン市（シティ）には、「シティ・サーヴェイヤー」という肩書をもちシティの建築の建設や管理を行う建築家がおり、その二名とシティに再建案を提出した科学者のロバート・フック（一六三五〜一七〇三）を、シティが設置した再建のための委員会の委員として選出した。[5] このように、大火直後には、国王と市による二つの組織がつくられたが、やがて、この二つは合体し、正式な「再建委員会」となる。再建委員会の役割は、大火後の都市計画の原則を決定することであった。街路の幅員を決定し、都市建築のルールを決定し、さらに具体的な問題を解決していった。再建のための法整備に関しては、再建委員会の意見を反映させて、国会で検討していった。その内容は、大火直後の国会で「一六六六／七年ロンドン再建法」としてまとめられた。また、同会期の国会では、建築的な問題ばかりでなく、予想される法廷争乱の解決法などに関しても検討し、「一六六六／七年ロンドン大火紛争法」が制定された。そして、具体的な都市再建を行っていったが、建設をすすめるにあたり、当初、予測できなかったことも多数生じてきた。そして、これらを解決するために、三年後に「一六七〇年ロンドン再建追加法」が制定されている。その際、のちに王室営繕局長官に上り詰める英国バロックを代表する建築家サー・クリストファー・レン（一六三二〜一七二三）が、五一棟のシティ・チャーチ（ロンドン市内の教区教会堂）のすべての設計と、ロンドン再建の象徴ともいえる新セント・ポール大聖堂の設計を行ったため、ロンドン再建はレンが主導して実施されたとみなされることが多い。そのため、大火直後にレンが国王チャールズ二世に提出したとされるバロック的な特徴をもつ都市計画案が実現されなかったことを悔やむ論調が現れるが、それは一八世紀になってからのことである。[6] 実際には、再建案の作成は都市計画図の作成というよりは街路の幅員や都市建築の仕様の決定であり、これは再建委員会によって決定され、国会がそれを実現するための法整備をして、ロンドン再建は実現された。[7] つまり、絶対王政期の象徴でもあった統治者による理想都市の建設というよりは、市民の意思が尊重されつつ、都市再建が実行されていった。ただし、その際、厳格な測量にもとづく土地所有の明確化、所有者の権利の保護・補償、裁判所による紛争の解決、防災都市建設のための建築規制、火災保険の誕生といった「近代都市システム」が確立された。これらのさまざまな手法の導入には、ロイヤル・ソサイアティの科学者たちの意見が反映された。一方で、リスボン再建の場合は、マイアがコンセプト案を作成し、それにもとづいてサントスが理想的な都市計画を策定した。そして、マイアがトップを務める王立公共事業計画室が都市建築の雛型を示しながら、具体的な建築規制を作成し、ポンバル侯が再建の法整備を行っていった。その際、技術的アドバイスを求めたのは軍の技術者や台頭しつつあった軍の建築家たちであった。ただし、法律の制定の手続きといった観点からは、ロンドン再建とリスボン再建では、大きく異なっていた。リスボン再建法ともいえるリスボンの再建にもっとも重要な影響を及ぼした「一七五八年五月一二日法」は、ロンドン再建法のように議会での議論にもとづいて制定されたのではなく、マイアの助言を受けながら、ポンバル侯が独断で制定したものである。その内容は、ロンドン再建時の「一六六六／七年ロンドン再建法」と「一六六六／七年ロンドン大火紛争法」を一体としたもので、明らかにロンドン再建法の影響があったことがわかる。また、「一七五八年五月一二日法」によって再建に着手するが、再建の過程で生じてきた新たな問題に対応するために「一七五九年六月一五日法」を制定する。これは「一六七〇年ロンドン再建追加法」と同様の役割を果たした法律とみなすことができる。最初から、追加の法律を制定することを想定していたかは不明であるが、結果として、ロンドン再建時と同様の法律の組み立て方となった。

実際の計画案はどうであろう。ロンドン再建の場合、五つの都市計画案が現在でも残るため、さまざまな案があったと思われがちであるが、これらの計画案のうち、公的に議論されたのは、フックによる計画案が市参事会で取り上げられたぐらいであり、ほかの計画案に関しては、どこで、どのように作成され、示されたかは不明である。実際には、再建にあたって、個々の道路が拡幅されたり、港湾施設が整備されたりしたが、これは都市全体の計画図を作成しなければできないものではなかった。その際、図面なども作成されていたかもしれないが、それらは現存していない。すなわち、ロンドン再建時には、都市構成の大幅な変更はなく、具体的な全体像を示す新たな都市計画図は作成されなかった。一方で、リスボン再建の場合には、サントスによって都市計画図が作成され、それにのっとって、再建がすすめられた。地震前の都市構成はまったく無視され、更地に新たな都市を計画するのとまったく同様の方法で再建が実行された。その際に採用されたのが、新天地のアメリカ大陸やアフリカ大陸などの植民都市で用いられたグリッド・プランであった。つまり、既存の都市構成に制約を受けることなく、理想の都市構成が追求されたことになる。

それが可能となった要因は、都市計画の決定の過程にあった。ロンドン再建の場合には、土地所有者の既得権が優先された。これは議論の末に決定したことではなく、当然の原則として再建がすすめられた。そのため、新たな構成の理想都市を建設しようとすることは、俎上にものせられなかった。他方、リスボン再建の場合には、都市計画といった観点からも理想の都市としてリスボンを再建しようとし、国王の名のもと、独裁的な決定を行った。そのため、過去を断絶した新たな都市を建設することができた。この点は、リスボン再建の前近代的な側面といえよう。

続いて、具体的な建設の過程を検討してみよう。第一に興味深いのは、ロンドン再建においてもリスボン再建においても、かなり早い段階で、いっさいの建設行為を禁止した点である。これは最初から、理想の都市に生まれ変わることを念頭におき、計画にもとづいた都市再建を実施しようと考えたということであろう。そして、技術的に都市の建設計画を担当したのは、ロンドン再建の場合には、臨時で招集された再建委員会であり、再建方針が固まったあとは、既存の手法、すなわち、シティの建築家と職人がそれを担当したが、リスボン再建の場合には、新たに国王が再建のために組織した公共事業計画室が独占的にその任を担い、最初はみずから公共建築を建設し、都市建築の雛型を示し、その後、民間業者に門戸を開いていった。

実際の都市建設にあたり、まずは土地測量が必要となる。土地測量は、個人の権利の確定にもつながり、正確さが要求されるとともに、所有者によっては納得がいかない者も生ずる可能性もある。ロンドン再建の場合には、土地測量のためのサーヴェイヤーが雇用された。正確な土地測量のためには、知識が必要とされ、数人のエキスパートがその役を担ったが、特に、ロイヤル・ソサイアティの会員でもあった科学者ロバート・フックの活躍が目立っていた。リスボン再建の場合には、土地測量はすべて軍隊にまかされた。ここにも、リスボン再建時の独自性をみることができる。

このように、ロンドン大火後の再建とリスボン地震後の再建では、法律を策定し、個人の権利を補償しながら、ルールにのっとって都市建築を建設していったという点は類似している。これは「近代都市システム」ともいえるもので、現代にまで続く手法といってもよいだろう。それ以外の点は、社会背景、すなわち、一八世紀のポルトガル史が影響した点であり、それがリスボン再建の特徴とみなすことができる。

3　建築史・都市史からみたリスボン再建

人類は、これまで何度も災害に打ち勝ち、災害で破壊された都市を再建してきた。その際、たとえ災害がふたたび起こったとしても、被害を最小限にとどめようと策を講ずるようになる。これが防災研究である。つまり、災害を経験して、災害に備えるようになる。同じ被害を繰り返さないように技術的に対策が検討され、建築学や都市計画学が発達してきた。リスボン地震後の対応は、まさにそのよい例である。リスボン地震によって、近代地震学が開始されたばかりでなく、建物の耐震対策も検討され始めた。耐震対策ばかりでない。地震のあとに発生する地震火災についても、リスボン地震の経験から理解し、対策を考えるようになった。さらには、災害時の避難路の確保も都市計画上、重要となることを学んだ。これが、リスボン地震を通しての都市防災の大きな進展であった。

今日では、自然災害や人為的ミスから生ずるさまざまな災害から、生命や財産を守る重要性は多くの人びとに理解され、防災研究はますます真剣に取り組まれるようになった。そして、人びとは災害に備えるようになった。防災を検討する際、災害が発生する以前の平常時、災害が発生した直後、災害がひと段落したあとの復興時に分けて考えるのが原則である。最初の平時の準備は、耐震、耐火を十分に講じた防災都市の建設につながる。二番目の災害発生直後に関しても、同様に、事前に対応を定めておくのが一般的となった。しかし、事前の計画が実際にはうまく機能しないことも少なくない。理想の対応方法を検討することは、きわめて難しいが、リスボン地震直後のポンバル侯の施策は、実に的を射ており、今後の災害時の施策を検討するうえで重要になってくる。そのため、ポンバル侯の施策を多くの人に伝えることは意味のあることだと考える。そして、最後の災害復興は、さまざまなイノヴェーションが開花する歴史の変換のきっかけになることが多く、リスボン地震後も、理想都市の実現としてかたちとなった。つまり、ポルトガルの首都リスボンに新しい都市計画とそれを実現するためのシステムが導入された。整然としたグリッド・プランと都市景観の統一が、都市計画上のハード面での意義であり、そのための法規制の整備が都市建設のソフト面の意義である。これらは、すべてが新しいアイデアによるものではない。たとえば、都市建築で、店舗の上部を住居とするのは、古くからある方法であるが、それを規則に沿って集合住宅として一体として建設した点が新しい。また、災害時の都市再建をそれまでの都市問題の解決の契機にしたといった点も、災害復興によってもたらされた産物であろう。

もう一点、リスボン地震後の再建で、特徴的であったのは、軍事技術として発達してきた建築学を防災都市建設として変貌させた点である。ポルトガルで建築の技術の発展を支えてきたのは、軍事技術であった。建築において、軍事技術を検討するのは、当然のことであり、古代ローマのウィトルウィルスの『建築書』にも軍事技術の章があった。防災といった観点からは、軍事技術から発達した建築技術が有効であったに違いない。

最後に、復興されたリスボンがポルトガルの建築史・都市史にもたらした意義をまとめたい。まずは、新都市のゾーニングである。震災前には、さまざまな種類の建築がバイシャ地区にあったが、バイシャ・ポンバリーナには、教会堂や貴族の邸宅はもうない。ここに住まうようになったのは新興階級のブルジョアジーであり、都市中心部は商業地区として特化し、教会堂や貴族の邸宅は、その周囲に配された。こういった構成は、ほかのポルトガルの都市開発でも応用された。たとえば、アルガルヴェ地方のヴィラ・レアル・デ・サント・アントニオなどがその例である。

第二として、都市景観を統一し、安全な都市とするために、整然としたグリッド・プランを導入した点があげられる。新たに都市を建設するのではなく、既存の都市をグリッド・プランに改めることは、住民の同意といった観点からきわめて難しいことである。しかし、それを実現させたのがリスボン再建であった。そしてリスボンは、ゾーニング、グリッド・プラン、都市景観の統一、防災都市、都市衛生の確保といった近代都市の理想を実現したのであった。これは、実にすぐれた工夫であったが、ポルトガル国内への影響はあったものの、諸外国へのインパクトはほとんどなかった点は[8]、残念なところである。しかし今後、この再建時の工夫は、災害以外の場面でもおおいに役に立つヒントとなるであろう。

註

プロローグ

〔1〕ポルトガルの歴史については、主として、金七紀男による『ポルトガル史』（二〇一〇）ならびに『図説 ポルトガルの歴史』（二〇一一）、立石博高による『スペイン・ポルトガル史』（二〇〇〇）、デビッド・バーミンガムによる『ポルトガルの歴史』（二〇〇二）を参考とした。

〔2〕Dynes 1997

〔3〕合田昌史「第4章 リスボン大震災はポルトガルを衰退させたのか——近世・近代の経済史に関する研究動向について」ひょうご震災記念21世紀研究機構 二〇一五、四六～五六頁

〔4〕ポンバル侯の本名は、「セバスティアン・ジョゼ・デ・カルヴァーリョ・イ・メロ」という。ポンバル侯爵の爵位を叙位されたのは一七七〇年であり、それ以前は、本来、「カルヴァーリョ・イ・メロ」と記すべきであるが、歴史上、「ポンバル侯」としてよく知られ、こう呼ばれることが多いので、本書では、便宜上、「ポンバル侯」と記すこととした。

〔5〕『リスボン大震災に寄せる詩』の翻訳は、ヴォルテール『カンディード』（斉藤悦則訳、光文社古典新訳文庫、二〇一五、二三一～二四九頁）に掲載されている。

〔6〕『カンディード、あるいは楽天主義説』については数種の邦訳本が刊行されている（巻末の参考文献［翻訳文献］を参照のこと）。

〔7〕ヴォルテールはリスボン地震に衝撃を受け、ドイツ人哲学者ライプニッツ（一六四六～一七一六）が唱えた神義論、また、それに由来する最善説・楽天論に疑問を抱くことにな

ったとされる。なお、リスボン地震のヴォルテールへの影響については、保苅瑞穂による『ヴォルテールの世紀』（二〇〇九、一一五〜一一九頁）ならびに渡名喜庸哲の「解説「リスボン大震災に寄せる詩」から『カンディード』へ」（ヴォルテール『カンディード』斉藤悦則訳、光文社古典新訳文庫、二〇一五、二五〇〜二八三頁）を参考にした。

〔8〕黒崎政男「第9講 リスボンとフクシマ 震災後、世界はどう変わったか?」黒崎 二〇一二、一六〇〜一八〇頁

〔9〕カントは、一七五六年に『地震原因論』『地震の歴史と博物誌』『地震再考』の三篇を立て続けて執筆している（坂部恵・有福孝岳・牧野英二編『カント全集』第1巻、岩波書店、二〇〇〇、二七三〜二八四頁、二八五〜三二五頁、三二七〜三三七頁、当該三篇はすべて松山壽一訳）。
松田曜子「第5章 リスボン地震がもたらした科学への影響——カントの地震学を中心に」（ひょうご震災記念21世紀研究機構、二〇一五、五七〜六六頁）

〔10〕Robinson 2012, p.53. その一例として、ジョン・マイケルはロイヤル・ソサイアティの学会誌に次の論文を投稿している。Reverend John Michell, "Conjectures concerning the cause, and observations upon the phænomena of earthquakes; particularly of that great earthquake of the first November, 1755, which proved so fatal to the city of Lisbon, and whose effects were felt as far as Africa and more or less throughout almost all Europe", *Philosofical Transactions of the Royal Society*, vol.51, 31st, Dec. 1759, pp.566-635

〔11〕池上 一九八七、一〇頁

〔12〕Davison 1936, pp.1-28

第1章 リスボン地震発生

〔1〕Molesky 2015, p.69. モレスキーは *The Boston Gazetta*, No.36, December 8, 1755を引用。

〔2〕Ibid., pp.69-70

〔3〕ヨーロッパ諸国でも揺れが感じられたという記録も多数ある。たとえば、メンドンサによる『世界地震通史』（一七五八）では、隣国スペインやアフリカ以外にも、イタリア、フランス、ドイツ、スイス、オランダ、イギリス、デンマーク、ノルウェー、スウェーデンなどでの異変に関して叙述しており（Mendonça 1758, pp.148-160, sec. 558-597）、また、フィンランド（スカンジナヴィア）での揺れを指摘するものもある（Gunn 2008, p.77）。これらのなかには信憑性に欠く情報をもとにしたものもあり、不明な点も多いが、本書では現代の地震学の見解をもとに地震の範囲を特定した（Chester 2001, p.370）。

〔4〕リスボン地震に関する近代科学研究は、チャールズ・デヴィソンの論考（Davison 1936, pp.1-28）を皮切りに、その後、

さまざまな考察が行われてきた。最近の地震学上の研究を集めたものとして、“Theodore E. D. Braun and John B. Radner eds., *The Lisbon Earthquake of 1755: Representations and Reactions*, SVEC 2005:2, Voltaire Foundation, Oxford, 2005やLuis A. Mendes-Victor, Carlos Sousa Oliveila, Joao Azevedo, Antonio Ribeiro, eds., *The 1755 Lisbon Earthquake: Revisited*, Springer, Dordrecht, 2009などがある。特に、本書に収録されたチャールズ・D・ジェイムズとジャン・T・コザックによる“Representation of the 1755 Lisbon earthquake”（2005, pp.21-33）やD・K・チェスターによる“The 1755 Lisbon Earthquake”（2001）は、これまでの地震学の分野のリスボン地震に関する研究成果をまとめたものである。また、マーク・モレスキーによる*This Gulf of Fire*（2015）は、リスボン地震に関して、最近の研究成果を取り入れながら英文でまとめられた貴重な文献であり、地震学的観点からも、これまでの研究を整理しており、本書はこの書に負うところが大きい。

〔5〕Molesky 2015, p.6, 70

〔6〕Chester 2001

〔7〕チャールズ・デヴィソンは、一〇〇九年、一〇一七年、一一一七年、一一四六年、一三四四年、一三五〇年、一三五六年、一五三一年、一五三二年、一五五一年、一五七五年、一五九七年、一六九九年、一七二四年、一七五〇年にもリスボンで地震があったとしている（Davison 1936, pp.2-3）。

〔8〕一五三一年の地震は、一七五五年の地震よりも規模が大きかったとみなされており、メルカリ震度Xと推定されている。また、一三四四年の地震も大規模な地震で、メルカリ震度IX～Xであったと推定されている（Justo & Salwa 1998, Miranda & etc. 2012）。

〔9〕Miranda & etc. 2012. Justo & Salwa 1998. メンドンサもこの地震を記録しており、一五三一年一月二六日にリスボンで大規模な地震があったとしている（Mendonça 1758, pp.53-56, sec. 269-271）。

〔10〕直近の地震として、メンドンサは一七二二年一二月二七日の地震をあげており（Mendonça 1758, pp.92-93, sec. 410-412）、モレスキーもこの記述を引用しているが（Molesky 2015, p.78）、地震工学の分野ではふれているものはなく、この地震に関しては不明な点が多い。そのため、本書では取り上げなかった。

〔11〕Paice 2008, pp.47-49

〔12〕英語では、Solemnity of All Saints, All Saints, All Hallows, Hallowmasなどと呼ばれる。ちなみに、アイルランドやケルトでは、万聖節の前日の夜をハロウ・イヴ（Hallow Eve）と呼んでおり、これがアメリカに持ち込まれ、一〇月三一日にハロウィン（Halloween）が催されることとなった。

〔13〕Molesky 2015, pp.101-104

〔14〕Chester & Chester 2010. Chester 2008

〔15〕Molesky 2015, pp.108-111

〔16〕Levret 1991

〔17〕Molesky 2015, p.113. モレスキーは、*The Gentleman's Magazine*, Vol.26, January 1756, pp.7-8を引用。

〔18〕Ibid., p.134. モレスキーは、Alexandre Costa, et al., *1755 Terramoto no Algarve*, Faro, Portgal: Centri Ciência Viva do Algarve, 2005を引用し、アルガルヴェ地方の犠牲者は、公式に四四二名と記録されているが、実際にはもっと多かったと推測している。

〔19〕Ibid., pp.133-134

〔20〕一九六〇年代あたりから、防災の観点から津波の研究がさかんに行われるようになった。最初は理論的な研究が中心であったが、やがて実証的な研究が始まり、コンピュータ・シミュレーション技術を利用した数値解析が発達し、それを応用して過去の津波に関してもモデリングが可能となった。ポルトガルの津波に関しても、さまざまな研究が行われており、それらの結果はM・A・バプティスタ（M. A. Baptista）らによって総括されている（Baptista & Miranda 2009）。

第2章　リスボン市内

〔1〕Mendonça 1758, pp.113-114, 473

〔2〕Mendouça 1758.『世界地震通史』は、邦訳本、英訳本ともに刊行されていないが、永治日出雄によって第2部が邦訳され、ウェブサイトで公開されている。本書は、永治の邦訳に負うところが大きい。なお、メンドンサの『世界地震通史』に関しては、永治の翻訳をもとにし、参考箇所は原書の頁数を示すとともに項番号を記すこととした。

〔3〕疇谷 二〇一五

〔4〕António Pereira, *Comentário Latino e Português sobre o Terramoto e Incêndio de Lisboa de que foi Testamunho ocular o seu Autor*, Lisboa, 1756. 本書は、一七五六年にリスボンでラテン語とポルトガル語によって刊行されるが、その後、ロンドンで英語でも刊行された（Anthony Pereira, *Narrative of the Earthquake and Fire of Lisbon*, London, 1756）。なお、この書の邦訳が永治によって行われている（「高僧ペレイラ・ド・フィゲイレドの震災記録」二〇一一〜一六）。また、著者のアントニオ・ペレイラ神父は、のちに一八世紀を代表する著名な神学者アントニオ・ペレイラ・デ・フィゲイレド（António Pereira de Figueiredo）として知られるようになる（Kendrick 1957, pp.90-92）。

〔5〕Manuel Portal, *História da ruina da Cidade de Lisboa causada pelo espantoso terramoto e incêndio que reduziu a pó e cinza a maior e melho parte desta infeliz cidade*, Lisboa, 1756. この記録に関しても、永治によって邦訳ならびに解説がなされている（「神父マノエル・ポルタルによる震災詳説」二〇一一〜一六）。

〔6〕特に、当時、ポルトガルともっとも密接な関係にあったイギリス人の書簡は多数あり、その一部は、*The Lisbon Earthquake of 1755: British Accounts*（De Sousa, 1990）に整理されている。これを引用してリスボン地震の状況が語られることもよくある。エドワード・パイス（Edward Paice）の*Wrath of God: The Great Lisbon Earthquake of 1755*, 2008やニコラス・シュラディ（Nicholas Shrady）の*The Last Day: Wrath, Ruin and Reason in The Great Lisbon Earthquake of 1755*, 2008などが、そういった例としてあげられる。

〔7〕ニコラス・シュラディは全文を引用し、地震の悲惨さを読者に伝えようとしている（Shrady 2008, pp.21-22）。以下に王妃マリアナの一一月四日付の手紙の内容を記す。

親愛なる母君

この手紙は、不正確な情報で不安を引き起こさないように、ただちに連絡すべきと判断した国王の配慮のもと、外交特別便として送付するものです。私たちは、すべて無事で、健康上も問題ありません。神のご加護の賜物だと思います。土曜日の午前九時四五分に、この世でもっとも恐ろしい揺れを感じました。ほとんど立っていることができず、困難きわまる状況でしたが、そこから外に逃げました。私はアラビア階段を走って逃げました。神のご加護がなければ、おそらく頭と脚を骨折し、前にすすむことができなかったでしょう。想像できると思いますが、恐怖でいっぱいで最後の時がきたと感じました。王は宮殿の反対側から逃げましたが、すぐに合流しました。姫は礼拝堂にいましたが、のちに合流することができました。姫の部屋の周辺は被害を受けましたが、神のご加護で、ほかの部分の被害はほとんどありませんでした。それ以降、私たちは全員で広い庭で生活をしています。リスボンはほぼ完全に壊滅し、多くの人びとが犠牲になりました。とりわけ悲惨だったのはスペイン大使のペレラーダ伯爵で、瓦礫に押しつぶされて亡くなりました。いっそう困ったことに、火災が発生し、都市のかなりの部分を焼き尽くしました。誰もその火災を消しに戻ろうとは思わないほどでした。私たちの宮殿は地震によって半壊し、残った部分も内部もすべて火災で焼失しましたが、かろうじて侍女たちは助け出されました。私は混乱しており、その他の詳細についてお話しする余裕がありませんので、これ以上はお許しください。神が慈悲をお与えくださるように、何度も祈ります。巨大な悲劇と普遍的な荒廃が同時に存在しています。安らかな謙虚さをもって、神がわれわれを憐れんでくださるようお祈りくださるようお願い申し上げます。親愛なるお母さま、神があなたを不幸にせず、お守りくださるようお祈り申し上げます。

〔8〕チャールズ・デヴィソンが当日の地震は三回にわたるとして以降、この説が支持されている（Davison 1936, p.9）。ただし、発生時間に関してはわずかに修正がなされ、最初の揺

れを午前九時四〇分頃としているところまではデヴィソンの見解が支持されているが、第二の振動は最初の揺れが収まってから一〇～一五分後から一時間経過したあと、すなわち九時五〇分から一〇時四〇分頃、第三の振動を正午頃とするのが一般的である。

〔9〕Molesky 2015, pp.78-80

〔10〕メンドンサは二回の揺れがあったとし、第一の振動が数分、第二の振動が七～八分間続いたとしている（Mendonça 1758, p.114, sec. 473)。

〔11〕地割れに関する明確な記録を確認することはできなかったが、『カンディード』をはじめとするリスボン地震を題材にした記録の多くが地割れについてふれており、市内のいたるところで地割れが発生していたものと想像できる。

〔12〕Mendonça 1758, pp.135-136, sec. 530

〔13〕金七 二〇〇五、一六七～一七一頁

〔14〕同、一六六～一六七頁。金七は、A.H. de Oliveira Marques, *Portugal na Crise dos Séculous XIV e XV*, Lisboa, 1987, pp.188-190を引用している。

〔15〕金七 二〇〇五、一六八～一六九頁

〔16〕Mascarenhas 1996, p.18

〔17〕金七 二〇〇五、一六九～一七一頁

〔18〕Mascarenhas 1996, p.6

〔19〕Molesky 2015, pp.89-94

〔20〕Mendonça 1758, p.114, sec. 474

〔21〕Molesky 2015, p.129. モレスキーは、António Pereira de Figueiredo, *Commentario latino e portuguez sobre o terremoto e o incêndio de Lisboa de que foi testemunha ocular seu autor, Pref. de Cândido dos Santos*, Lisbon, Officina de Miguel Rodrigues, 1756, p.17を引用。

〔22〕Ibid., p.129

〔23〕Baptista, et al. 1998. Santos, et al. 2019

〔24〕Ibid.

〔25〕Molesky 2015, p.132

〔26〕Mendonça 1758, p.125, sec. 506

〔27〕Molesky 2015, pp.154-155

〔28〕ケネス・マックスウェル 二〇〇八、二九頁

〔29〕Molesky 2015, p.154

〔30〕Gunn 2008 p.77

〔31〕Molesky 2015 pp.155-156

〔32〕市内が燃え続けた期間に関しては、さまざまな説がある。一週間（Gunn 2008, p.77)。五～六日間（マックスウェル 二〇〇八、二九頁）

〔33〕Mendonça 1758 pp.125-126, sec. 506

〔34〕Ibid., pp.136-138, sec. 531-534

〔35〕Fonseca 2004, p.30

〔36〕Molesky 2015, p.55. 二七万五〇〇〇人であったとされる

こともある（Gunn 2008, p.77）。

〔37〕Levert 1991. Molesky 2015, p.299. これまでヨーロッパの史料をもとに、モロッコではわずかの犠牲者しか生じなかったとされてきたが、モロッコの史料の分析により、一七五五年一一月一日の地震（本震）で多数の建造物が倒壊し、多くの犠牲者が生じたことが明らかになってきた。さらに、一一月一八日と二七日の余震によって、被害が拡大し、その際の津波によって犠牲者も増大したといわれている。

〔38〕Molesky 2015, p.87

〔39〕Shrady 2008, p.52

〔40〕Molesky 2015, pp.285-291

第3章　失われたリスボン

〔1〕たとえば、前述の一一月四日の王妃マリアナがスペイン王室の母に宛てた書簡でも、誰も消火活動を行おうとしなかった旨の記述がある。

〔2〕永冶日出雄「リスボン大地震におけるポルトガル王権の緊急政策と社会各層の救援活動」「第二章　緊急政策と救援活動の開始」「第四部　震災第三日（一一月三日月曜日）」「五　資材の類焼防止」二〇一一〜一六、ウェブサイト

〔3〕Mendonça 1758, pp.122-123, sec. 496. Molesky 2015, p.201

〔4〕Mendonça 1758, p.123, sec. 497

〔5〕Ibid., pp.135-136, sec. 530

〔6〕Mendonça 1758, pp.124-125, sec. 503

〔7〕Molesky 2015, pp.216-218

〔8〕Ibid., p.23

〔9〕Ibid., p.165. モレスキーは、ポータル神父の『リスボンの崩壊の歴史』を引用。

〔10〕Molesky 2015, p.218

〔11〕Ibid., p.166

〔12〕Ibid., pp.86-89

第4章　ポンバル侯と臨時政府

〔1〕Shrady 2008, pp.20-21

〔2〕Molesky 2015, pp.193-194

〔3〕王妃マリアナが実母に宛てた一一月四日付の手紙には、地震直後、国王一家はベレンの離宮の中庭で生活していたとある。

〔4〕Molesky 2015, p.344. Mendonça 1758, pp.119-120, sec. 489. 現在のアジュダ宮殿は、一八〇二年に建設が開始された新古典主義の建築で、一八六一年以降、正式な宮廷となり、一九一〇年に王政が廃止されるまで用いられ続けた。

〔5〕疇谷 二〇一二、三五〜三六頁

〔6〕同、三七頁

〔7〕Molesky 2015, pp.344-345
〔8〕Ibid., pp.186-187
〔9〕Young 1917, p.191
〔10〕ポンバル侯の経歴などに関しては、主としてKenneth Maxwell, *Pombal: Paradox of the Enlightenment*, 1995を参考とした。
〔11〕Maxwell 1995, pp.3-4
〔12〕レオノールの父ハインリヒ・リヒャルト・ロレンツ・フォン・ダウン（Heinrich Richard Lorenz von Daun, 1673-1729）は、オーストリア継承戦争で活躍したレオポルトの父ヴィリッヒ・フィリップ・ロレンツ・フォン・ダウン（Wirich Philipp Lorenz von Daun, 1669-1741）の弟にあたる。
〔13〕市ノ瀬 二〇一六、八二〜八六頁
〔14〕Mendonça 1758, pp.142-143, sec. 547
〔15〕当時の政治体制については、主として、疇谷憲洋による「ポンバル政権の成立について——リスボン大地震の政治的影響」（二〇一一）を参照した。

第5章　緊急施策

〔1〕Kendrick 1957, p.75
〔2〕Molesky 2015, p.187
〔3〕Ibid., p.208
〔4〕布告をはじめとする公文書には、日付は記されているが、通し番号などはないため、どの順番で発布されたかは不明である。
〔5〕ポンバル侯による公的文書に関しては、主として、永冶日出雄「リスボン大地震におけるポルトガル王権の緊急政策と社会各層の救援活動」（二〇一一〜一六）、ならびに、疇谷憲洋「同時代印刷物から見たリスボン地震（一七五五年）への反応と対策」（二〇一五）を参考にした。
〔6〕文書にはマリアルヴァ侯爵（Marquês de Marialva）という記述しかないが、ケンドリックは第三代マリアルヴァ侯爵ディオゴ・デ・ノロンハ（Diogo de Noronha, 1688-1761）としている（Kendrick 1957, p.77）。
〔7〕フェルナン・テレス・ダ・シルヴァ（Fernão Teles da Silva, 1703-59）のことと思われる。
〔8〕Kendrick 1957, p.77
〔9〕大橋 二〇一七、三九、六二頁
〔10〕正式名称を『一七五五年王都リスボンで発生した地震に対する緊急政策編纂——いとも敬虔な国王陛下ジョゼ一世の法令および恩恵について』（Nosso Senhor por Amador Patricio de Lisboa, *Memorias das Principaes Providencias, que se derão no Terremoto, que padeceo a Corete de Lisboa no anno de 1755, odenadas, e Offerecidas a Magestade Fiderlissima de Elrei D. Joseph I,* Lisboa, M. DCC. LVIII）という。

〔11〕疇谷 二〇一五、一二七頁

〔12〕Eduardo Freire de Oliveira, *Elementos para a Historia do Municipio de Lisboa*, 17 tomos, Lisboa, 1885-1911

〔13〕フレイレの『リスボン地震時の緊急施策』に関しては、永冶や疇谷が分析を行っている。

〔14〕震災直後の公文書に関しては、直接、当時の史料をあたることができなかったため、T・D・ケンドリックによる『The Lisbon Earthquake』の第3章「Men of Action and Men of Science」(1957, pp.71-112)、永冶日出雄による「リスボン大地震におけるポルトガル王権の緊急政策と社会各層の救援活動」(二〇一一~一六)、マーク・モレスキーによる『This Gulf of Fire』の第5章「The Hour of Pombal」(2015, pp.186-212)、疇谷憲洋による「同時代印刷物から見たリスボン地震(一七五五年)への反応と対策」(二〇一五)などの先行研究を参照した。

〔15〕Molesky 2015, p.130

〔16〕António Nunes Ribeiro Sanches, *Tratado da Conservação da Saúde dos Povos*, 1756

〔17〕Mendonça 1758, p.118, sec. 487

〔18〕Molesky 2015, pp.335-336. Shrady 2009, pp.145-146

〔19〕Paice 2008, pp.161-162

〔20〕Molesky 2015, pp.238-243. マックスウェル 二〇〇八、三一頁

〔21〕Molesky 2015, p.319

第6章 復興に向けて

〔1〕立石 二〇〇〇、四一二~四一三頁。金七 二〇〇六、一五五~一六四頁

〔2〕ベネーヴォロ 一九八三、六八~一〇八頁

〔3〕大橋 二〇一七、八七~九三頁

〔4〕Fleming 1962, p.205

〔5〕第二代ホープトゥン伯爵ジョン・ホープ(John Hope, 2nd Earl of Hopetoun, 1704-81)のこと。

〔6〕第四代チェスターフィールド伯爵フィリップ・スタンホープ(Philip Stanhope, 4th Earl of Chesterfield)の弟のウィリアム・スタンホープ(Sir William Stanhope, 1702-72)のこと。建築に造詣が深かった。

〔7〕第三代アーガイル公爵アーチボルド・キャンベル(Archibald Campbell, 3rd Duke of Argyll, 1682-1761)のこと。

〔8〕Delaforce 1994

〔9〕ジョヴァンニ・バッティスタ・ピラネージ(Giovanni Battista Piranesi, 1720-78)。イタリアの画家、版画家、建築家。古代遺跡の研究をすすめ、『ローマの古代遺跡』『ローマの景観』などの版画集を刊行し、新古典主義建築家に多大な影響を与えた。

〔10〕ジャン・ロレンツォ・ベルニーニ（Gian Lorenzo Bernini, 1598-1680）。イタリア・バロックを代表する建築家、画家、彫刻家。楕円を用いた流動的な空間を取り入れるなど、新しい建築様式としてバロック様式を完成させた。また、サン・ピエトロ大聖堂の主任建築家としてサン・ピエトロ広場を完成させるなど、後世に大きな影響を与えた。

〔11〕Delaforce 1994, pp.59-60. マックスウェル 二〇〇八、三六～三八頁

〔12〕Angela Delaforce, "Lisbon, 'This New Rome' : Don João V of Portugal and Relations Between Rome and Lisbon", Levenson 1993, pp.49-79

〔13〕バースの都市計画は一七二九年の建設開始であるが、三種の広場が完成するのは一七六一年であり、アダムの計画はウッド父子と同程度に早い発想であった。

〔14〕Mullin 1992, pp.4-5

〔15〕UNESCO世界遺産暫定一覧表（ウェブサイト）

〔16〕Mullin 1992, p.5

〔17〕たとえば、イギリスには王室の建造物の営繕を管轄する王室営繕局が古くから設置されており、ロンドン大火後の再建にも、王室営繕局の建築家の影響は強かった。

〔18〕Rodrigues & Craig 2008

〔19〕Molesky 2015, p.306

〔20〕Mascarenhas 1996, pp.62-63. Mullin 1992, p.5

第7章　都市再建計画の作成

〔1〕Molesky 2015, pp.300-302

〔2〕Ibid., p.307

〔3〕Mascarenhas 1996, Volume II Appendices, p.1

〔4〕Ibid., pp.25-32. 五つのコンセプト案については、マスカレンハス（Mascarenhas 1996）にしたがった。

〔5〕Mullin 1992, pp.3-4

〔6〕Mascarenhas 1996, pp.33-37

〔7〕Mullin 1992, pp.8-10. Mascarenhas 1996, pp.38-45

〔8〕マスカレンハスは、ホセ・ドミンゲス・ポッペをエリアス・セバスティアン・ポッペの息子としているが（Mascarenhas 1996, p.40）、マリンは弟としている（Mullin 1992, p.8）。

第8章　再建の手法とその過程

〔1〕Molesky 2015, p.318

〔2〕Monteiro 2008. モンテイロは、Amador Patrício de Lisboa, *Memorias das principaes providencias que se derão no terremoto que padeceo a Corte de Lisboa, no anno de 1775,* 1758をもとに、再建にかかわる行政文書（公文書）を整理し、都市再建の具体的な過程を考察している。本書の考察は、これに負うところが大

きい。

〔3〕わが国でも、二〇一一年三月一一日の東日本大地震後に同様の趣旨で「東日本大震災により甚大な被害を受けた市街地における建築制限の特例に関する法律」（平成二三年四月二九日法律第三四号）が制定され、都市計画が決定するまで、建物の建設を禁止している。

〔4〕大橋 二〇一七、一一七頁。チャールズ二世による一六六六年九月一三日の国王布告に、都市計画が決定するまでの間、すべての建築行為を禁止する条項があった。

〔5〕メンドンサによると、市内で居住可能であった住宅は、全体の三分の一であったという（Mendonça 1758, pp.135-136, sec. 530）。

〔6〕スプロールとは、都市の無秩序な拡大のことである。インフラの計画的な整備がなされないため、危険で不衛生な環境となる可能性が高くなる。

〔7〕Molesky 2015, pp.317-318

〔8〕大橋 二〇一七、一二六〜一三三頁

〔9〕Molesky 2015, pp.217-218

〔10〕マックスウェル 二〇〇八、五一頁。マックスウェルは、"Observações Secretissimas do Marquês de Pombal...sobre a collocação da estaua equestre que enregou a Sua Magestade nesse dia..."（Lisbon: Biblioteca Nacional, Manuscritos, Fundo Geral, Codex 9427.2）を引用。

〔11〕マックスウェル 二〇〇八、五一頁

〔12〕Mascarenhas 1996, Volume II Appendices, pp.2-17, 22-24

〔13〕一七五八年五月一二日法に関しても、著者が原文を確認したわけではなく、マスカレンハスの解説をもとにしている（Mascarenhas 1996, Volume II Appendices, pp.18-21, 22-24）。

第9章　ポンバリーノ建築

〔1〕バイシャ地区の新工夫は、バイシャ近隣の建築にも影響を与えていたことが、最近の研究で明らかになってきた（Leal 2010）。

〔2〕Mascarenhas 1996, p.50

〔3〕拙著『英国の建築保存と都市再生』鹿島出版会、二〇〇七、六四〜一〇一頁

〔4〕Mascarenhas 1996, pp.50-52

〔5〕大橋 二〇一七、一五〇〜一五六頁

〔6〕Mascarenhas 1996, pp.83-93

〔7〕マスカレンハスは、現存するバイシャ地区の都市建築の分析から、全部で六種類のタイプがあるとしている（Mascarenhas 1996, pp.88-93）。

〔8〕Mascarenhas 1996, pp.117-121. Cardoso etc., 2003

〔9〕Penn, Wilde & Mascarenhas 1996, p.4

〔10〕Shrady 2008, p.165

〔11〕Penn Wild & Mascarenhas, 1996, p.4
〔12〕大橋 二〇一七、一五〇〜一五六頁
〔13〕Mascarenhas 1996, p.52
〔14〕Molesky 2015, pp.315-316
〔15〕Richard Penn, Stanley Wild & Jorge Mascarenhas, "The Pombaline quarter of Lisbon: an Eighteenth Century example of prefabrication and dimensional co-ordination", *Construction History*, 11, pp.3-17, 1996. Jorge Morarji Dias Mascarenhas, *A Study of the Design and Construction of Buildings in the Pombaline Quarter of Lisbon*, doctoral thesis, 1996, Department of Civil Engineering and Building, Pontypridd, Mid Glamorgan, U. K. 前者はペン、ワイルド、マスカレンハスの三名の連名であるが、さらに詳細に調査・研究を加えたものが、その一人のマスカレンハスの学位論文としてまとめられている（特に七六、一三二〜一四八頁）。
〔16〕Mascarenhas 1996, pp.121-131
〔17〕Penn, Wilde & Mascarenhas 1996, p.7
〔18〕Ibid., pp.8-13
〔19〕Ibid., pp.5-6
〔20〕Molesky 2015, p.316
〔21〕Penn, Wilde & Mascarenhas 1996, pp.6-8
〔22〕建設契約書の中に、「階段の石材やドーマー窓は王宮広場の証券取引所のものとする」という記載があるが、ペンらは、ここの証券取引所は建設資材の取引所でもあったのではないかと推測している。「一七五六年六月二九日通達」には、「再建のための建設資材はすべてルア・ノヴァ・ド・アーセナルを通して国が買い取り」とあり、ルア・ノヴァ・ド・アーセナルにも建設資材の取引所があった可能性を示唆している。ルア・ノヴァ・ド・アーセナル（Rua Nova do Arsenal）は王宮広場からのびる通りのことであり、直訳すると「貯蔵庫の新通り」となることから、建設契約書の中の王宮広場の証券取引所は、通称ルア・ノヴァ・ド・アーセナルと呼ばれる、この通りにあった建設資材の取引所であったと結論づけている（Penn, Wilde & Mascarenhas 1996, pp.6-7）。
〔23〕França 1987, p.165. Penn, Wilde & Mascarenhas 1996, p.7
〔24〕たとえば、一七五五年のリスボン地震後の再建に関する研究のパイオニアであるジョセ＝アウグスト・フランサは、ブロンデルによる『フランス建築』の影響を指摘している（França 1983, p.129）。
〔25〕Delaforce 2002, p.299
〔26〕マックスウェル 二〇〇八、四六〜五二頁
〔27〕Harris 1994

エピローグ

〔1〕Savoja 1927. ラスムッセン 一九九三、一三〜一五頁。べ

ネーヴォロ 一九八三、一九六～二〇四頁。日端 二〇〇八、一三九～一四一頁
〔2〕Raggi 2017
〔3〕枢密院は「再建勅命委員（His Majesty's Commissioners for Rebuilding）」として、大火以前から王室の肝いりで実施されていた旧セント・ポール大聖堂（大火で焼失）の修復委員会の委員長であった高名なロジャー・プラット（Sir Roger Pratt, 1620-85）、王室営繕局の主計長（Paymaster）のヒュー・メイ（Hugh May, 1622-84）、グランド・ツアーから帰ったばかりでまだ建築家としての実績がなかったが、旧セント・ポール大聖堂の修復委員会にも出席していた若きクリストファー・レン（一六三二～一七二三）の三名を選出した。
〔4〕レンは、その後、王室営繕局長官となり、王室建築家としてイギリス・バロック建築を代表する大建築家となる。
〔5〕市参事会は、「新建築のためのサーヴェイヤー（Surveyors of New Building）」として、建築家ピーター・ミルズ（Peter Mills, 1598-1670）、建築家エドワード・ジャーマン（Edward Jerman, 1605-68）、シティに再建案を提出した科学者ロバート・フック（Robert Hooke, 1635-1703）の三名を指名した。
〔6〕レンがチャールズ二世に提出したとされる再建案とその評価については、拙著『ロンドン大火』第4章「3 さまざまな都市計画案」(i)クリストファー・レン案」（二〇一七、八七～九三頁）を参照のこと。
〔7〕大橋 二〇一七。当時のロンドン市民は、絶対王政の幾何学的構成の理想都市の建設を望んではおらず、市民の生活をいち早く再建することを望んだ。その結果、所有者の権利の保護・補償、裁判所による紛争の解決、防災都市建設のための建築規制、火災保険の誕生といった「近代都市システム」が確立された。
〔8〕マックスウェル 二〇〇八、五一頁

年表

年	月	日	◆地震・再建にかかわる出来事　◇ポルトガル史
一七三八			◇カルヴァーリョ・イ・メロ、ロンドン駐在ポルトガル大使となる
一七四五			◇カルヴァーリョ、ウィーン駐在ポルトガル大使となる
			カルヴァーリョ、ウィーンから召還される
一七五〇	一	一三	◇ブラジルの領土に関するマドリッド条約締結
	七	三一	◇ジョアン五世死去
			ジョゼ一世即位
	八	二	◇カルヴァーリョ、外務・陸軍担当国防秘書官になる
一七五五	六	七	◇「グランパラ・イ・マラニャン会社」設立
	九	三〇	◇「商業評議会」設立
	一一	一	◆リスボン地震発生
			最初の布告（二件）
		六	◆鎮火
		一〇	◆一七五五年一一月一〇日通達（高等法院長官による）
			高等法院長官はラフォエス公爵（ペドロ・デ・ブラガンサ）。
			早急な建設をしないようながすとともに、建設や建設業者の手間賃を統制
		一八	◆余震
		一九	◆余震
			＊一二月中、瓦礫の撤去、排水、区画の整備、測量、登記、住宅の供給計画策定
		二九	◆一七五五年一一月二九日布告
			広場、道路、路地、庭の境界線などの調査を実行し、インヴェントリーの作成を求めた

年	月	日	事項
	一二	一	◆一七五五年一二月一日通達（高等法院長官による） 一七五五年一一月一〇日通達の内容を繰り返した
		三	◆一七五五年一二月三日布告 市内の不安定な壁の取り壊し、道路の瓦礫の撤去を命令。スプロール防止のために 市外の石造建築の建設を禁止。建物の賃貸の新規契約を禁止し、家賃を地震前の価格に凍結
		四	◆マイアによる『論文』 カルヴァーリョに五つのコンセプトを示す［第一段階］
		三〇	◆一七五五年一二月三〇日通達（高等法院長官による） インヴェントリーの完成まで、市内の家屋などの建設を禁止
一七五六	一	三一	◆瓦礫の撤去、不安定な壁の取り壊しのため一五〇名の軍人の増員を要請
	二	一〇	◆一七五六年二月一〇日通達（高等法院長官による） 家屋などの建設禁止は、インヴェントリーの作成・確定を待つためだけでなく、間もなく発表される 新たな都市計画案で、通りの向きや幅、ファサードのデザインが規制されるためであることを説明
		一六	◆三つの案が作成される［第二段階］
	三	三一	◆六つの案が作成される［第三段階］
	四	一九	◆マイア、カルヴァーリョに最終案を示す（形式上は、高等法院長官に提出）
	五	六	◇カルヴァーリョ、内務担当国務秘書官（宰相）になる
		一五	◆一七五六年五月一五日布告 木材、屋根葺材、レンガの不足のため、海外の材料の使用を認める
	六	一二	◆カルヴァーリョが再建案の作成を組織 建築デザイン学校の設立 ＊「アルト・ドウロ葡萄栽培農業総合会社」設立
	九	一六	◆一七五六年九月一六日布告 リスボン市参事会に対し、延焼防止の策を講じた都市計画が完了するまで、 個々の建築の建設を許可しないことを繰り返して伝える

年	月	日	◆地震・再建にかかわる出来事　◇ポルトガル史
一七五六	一一		◆地震から一年で千戸の公共住宅が提供される
一七五七	五	一二	◆一七五七年五月一二日認可 安定価格で供給するために、石灰、レンガ、木材、石材などの増産を認める
	六	二九	◆一七五七年六月二九日通達 再建のための建設資材をすべて国が買い取り、標準価格で頒布することを決定
	一一	三	◆一七五七年一一月三日王令 土地・建物の所有権の譲渡をうながすため、無期限の契約を禁止し、契約期間を定めることを求めた
一七五八	一	一六	◆一七五八年一月一六日布告 コメルシオ広場の計画（リスボン商人の商品取引所の設置）を承認
	三		◆土地の所有権を評価・再配分を規定する法律の制定
	五	一二	◆一七五八年五月一二日法 再建案成立。個人の権利と公共の権利を明確にした。 五年間、所有者によって建物が建設されなかった土地は強制収用するとした
	六	一二	◆一七五八年六月一二日布告 安全でかつ美しい都市に再建するため、個人の権利よりも 公共の福祉を重視するという再建方針を明確に宣言（再建案承認）
		一五	◆一七五八年一月一五日布告 都市再建の権限を市参事会から切り離した
	九	三	◇アヴェイロ公による反乱計画発覚、ジョゼ一世暗殺未遂事件（Távora affair） ＊メンドンサ『世界地震通史』刊行
一七五九	一	一九	◇イエズス会士追放
	六	一二	◆一七五九年六月一二日法 再建法改正公示

		一五	◆一七五九年六月一五日王令 再建法改正
		一九	◆バイシャ計画とロシオ計画が承認 ◆一七五九年六月一九日通告(カルバーリョによる) 新しく高等法院長官となったペドロ・ゴンサルベス・コルデイロ・ペレイラ (Pedro Gonçalves Cordeiro Pereira)に対し通達
	七	一二	◆バイシャ地区のアウグスタ通りで最初の工事が許可
一七六〇	一〇	八	◆一七六〇年一〇月八日布告 それまでの契約を破棄し、計画地内の木造建築などの仮設建造物を取り壊すよう命令
		二八	◆バイシャ地区の残りの敷地の再建地域を分配する法令 ◇ローマ教皇庁大使追放、教皇庁との関係断絶(～六九)
一七六三	一〇	二四	◆一七六三年一〇月二四日布告 防災計画上、禁止された場所に建てられた建物を取り壊すよう近隣検査官に命令
一七六五			◆ロシオ広場完成
一七六六	一	二一	◆一七六六年一月二一日王令 ◆一七五五年一一月一日以前のすべての借地権を破棄 *バイシャ地区で五九棟の建物が完成
一七六九	三	六	◆一七六九年三月六日布告 強制収用のための資金源を明確にした
	一一	二五	◆一七六九年一一月二五日通達(高等法院長官ならびに市参事会会頭による) バイシャ地区内の木造建築ならびに規則に沿わないファサードの建物の破壊を命じた
一七七〇			◇カルヴァーリョ、ポンバル侯爵に叙位される
一七七一	二	二三	◆一七七一年二月二三日王令 すべての地域において強制収用を可能とした

年	月	日	◆地震・再建にかかわる出来事　◇ポルトガル史
一七七二	一二	七	◆一七七二年一二月七日布告 強制収用の範囲を拡大
一七七四			◇異端審問所を国王裁判所に再編、カトリック教徒以外への差別を撤廃(〜七四)
一七七五	六	六	◆コメルシオ広場でジョゼ一世騎馬像の落成式
一七七六			◆バイシャ地区を含めてリスボン全体で一四〇棟の建物が完成
一七七七	二	二四	◇ジョゼ一世死去、マリア一世即位、ポンバル侯失脚
一七八〇	七	一四	◆一七八〇年七月一四日布告 マリア一世の財務担当大臣のアンジェヤ侯は税収の四パーセントを再建費に充てることとした
一七八二	五	八	◇ポンバル侯死去
一七八三	二	一七	◆一七八三年二月一七日布告 高等法院長官の権限を王立公共事業計画室長に移管。新たな体制で都市の再建に臨むこととなる
一八〇七	一一		◇ナポレオン軍、ポルトガルに侵攻。王室はブラジルのリオ・デ・ジャネイロに退避

あとがき

リスボン地震は二五〇年以上も前の自然災害である。当時と比べて、現代では地震に関する知識が増え、被害を減ずる技術も進歩し、地震後の火災への対応も含めて、地震に備えた対策が練られている。これは、人類が過去の惨事を教訓とし、さまざまなことを学んできた成果である。自然災害を避けることはできないが、被害を少なくすることは可能であり、それが防災・減災である。しかし、どんなに対策を講じていても、想定通りにいくことはまずない。災害が発生すると、新たな問題に直面し、それを解決しなければならなくなるが、その際、適切な判断を下して行動するためには、先人たちの経験を学んでおくことが必要となる。そのために、リスボン地震とその後の復興についてまとめたのが、本書の最大の目的である。南海トラフ地震がいつ起こってもおかしくないと言われている状況にあって、あらためて自然災害の脅威を意識し、準備しておく必要があるだろう。

自然災害は、しばしば、歴史にも大きな影響を及ぼす。リスボン地震は、まさにその例であり、ヨーロッパ中に衝撃を与えるとともに社会を変化させた。特に、啓蒙思想の発達といった観点からの影響力は大きく、地震という現象を科学的に捉えるようになり、地震によって引き起こされる津波についても、広く知られるようになった。こういった危機的な状況に陥っても、人類はそれに立ち向かい、英知を集めながら新たな世界を創造してきた。著者は、災害後の都市再生というテーマのもと、社会の変化について明らかにしようと取り組んでいる。本書を執筆する前には一六六六年の大火後のロンドンの再建について研究をすすめ、都市再建における近代的手法の嚆矢について整理した。そして、本書では、ロンドン再建の手法に学び、さらにシステマティックな手法で再建を果たした新生リスボンについて紹介することができた。危機対応といった観点以外にも、都市・建築の歴史といった点からも、興味を抱いてくれる方の役に立てればと願っている。

本書をまとめるにあたり、さまざまな方に助けられた。現地リスボンでは、リスボン工科大学のジョアン・D・フォンセカ氏に市内を案内してもらい、リスボン地震について、いろいろと情報提供をいただいた。この場を借りて、お礼申し上げる。本書は原稿が完成してから刊行まで順風満帆とはいかず、半ば刊行を諦めていたが、そんな折、相談にのっていただき、ぜひ出版しましょうと応援していただいた彰国社の神中智子さんには心から感謝している。また、日ごろからさまざまなかたちで著者の研究活動を支えてくれた先輩、友人、同僚、そして家族に、あらためて謝意を示したい。

二〇二二年一〇月吉日

著者

リスボン　災害からの都市再生

2022年12月10日　第1版 発　行

著作権者との協定により検印省略

著　者　大　橋　竜　太
発行者　下　出　雅　徳
発行所　株式会社　彰　国　社

162-0067　東京都新宿区富久町8-21
電　　話　03-3359-3231（大代表）
振替口座　00160-2-173401

自然科学書協会会員
工学書協会会員

Printed in Japan

印刷：壮光舎印刷　製本：ブロケード

ISBN 978-4-395-32186-5　C 3052　https://www.shokokusha.co.jp

著 者 略 歴

大橋竜太　おおはし・りゅうた

1964年　福島県生まれ
1988年　東京都立大学工学部建築工学科卒業
1990年　同大学大学院修士課程修了
1992年　ロンドン大学コートールド美術研究所に留学
1995年　東京大学大学院工学系研究科建築学専攻博士課程修了
1995年　同大学大学院工学系研究科建築学専攻助手
現在、東京家政学院大学現代生活学部現代家政学科教授
博士（工学）

おもな著書
『ロンドン大火——歴史都市の再建』（原書房）、『英国の建築保存と都市再生——歴史を活かしたまちづくりの歩み』（鹿島出版会）、『イングランド住宅史——伝統の形成とその背景』（中央公論美術出版）、『コンパクト版 建築史　日本・西洋』（共著、彰国社）ほか

索 引

あ行

か行

さ行

た行

な行

は行

ま行

や行

ら行

わ行

英数字

参 考 文 献

【欧文文献】

- Baptista, M. A. and Miranda, J. M., "Revision of the Portuguese Catalog of Tsunamis", *Natural Hazards and Earth System Sciences,* Volume 9, Issue 1, 2009, pp.25-42
- Baptista, Maria Ana, Heitor, S., Miranda, J. M., Miranda, P. and Victor, L. Mendes, "The 1755 Lisbon Tsunami; Evaluation of the Tsunami Parameters", *Journal of Geodynamics,* Vol.25, No.2, 1998, pp.143-157
- Braun, Theodore E. D. and Radner, John B. eds., *The Lisbon Earthquake of 1755: Representations and Reactions,* SVEC 2005:02, Voltaire Foundation, Oxford, 2005
- Brooks, Charles B., *Disaster at Lisbon: The Great Earthquake of 1755,* Long Beach, California, 1994
- Cardoso, Rafaela, Lopes, Mário, Bento, Rita, D'Ayala, Dina, "Historic, Braced Frame Timber Buildings with Masonry Infill ('Pombalino' Buildings)", *World Housing Encyclopedia Report,* Earthquake Engineering Research Institute, 2003
- Chester, D. K., "The 1755 Lisbon Earthquake", *Progress in Physical Geography,* 25(3), 2001, September, pp. 363-383
- Chester, D. K., "The Effects of the 1755 Lisbon Earthquake and Tsunami on the Algarve Region, Southern Portugal" ,*Geography (Sheffield, England)*, Department of Geography, University of Liverpool, 2008, February
- Chester, D. K., & Chester, O. K., "The Impact of Eighteenth Century Earthquakes on the Algarve Region, Southern Portugal", *The Geographical Journal,* 176(4), 2010, December, pp. 350-370
- Davison, Charles, *Great Earthquakes,* Thomas Murby & Co., London, 1936
- De Sousa, Maria Leonor Machado, introduction, translation and notes by Nozes, Judite, *The Lisbon Earthquake of 1755: British Accounts,* The British Historical Society of Portugal, Lisbon, 1990
- Delaforce, Angela, "The Dream of a Young Architect: Robert Adam and a Project for the Rebuilding of Lisbon in 1755", in Angela Delaforce ed., *Portugal e o Reino Unido: A Aliança Revisitada,* Fundação Calouste Gulbenkian, Lisbon, 1994, 1995, pp.56-60
- Delaforce, Angela, *Art and Patronage in Eighteenth-Century Portugal,* Cambridge University Press, Cambridge, 2002
- Dynes, Russell R., *The Lisbon Earthquake in 1755: Contested Meanings in the First Modern Disaster,* Preliminary Papers #255, 1997, Disaster Research Center, University of Delaware, Newark, U.S.A.

- Fleming, John, *Robert Adam and His Circle: In Edinburgh and Rome,* John Murray, London, 1962
- Fonseca, J. D., *1755 O Terramoto de Lisboa, The Lisbon Earthquake,* Argumentum, Lisbon, 2004
- França, José-Augusto, *A reconstrução de Lisboa e a arquitectura pombalina,* Biblioteca Breve, Instituto de Cultura Portguesa, Amadora, Lisboa, 1978
- França, José-Augusto, *Lisboa Pombalina e o Iluminismo,* Bertrand Editora, Lisboa, 1983
- Gunn, Angus M., *Encyclopedia of Disasters: Environmental Catastrophes and Human Tragedies,* Vol. 2, Greenwood Press, Westport, Connecticut, London, 2008
- Harris, John, "The Influence of English Palladian Architecture in Portugal in the Eighteenth Century" , in Angela Delaforce ed., *Portugal e o Reino Unido: A Aliança Revisitada,* Fundação Calouste Gulbenkian, Lisbon, 1994, 1995, pp.68-76
- Justo, J. L. and Salwa, C., "The 1531 Lisbon Earthquake" , *Bulletin of the Seismological Society of America,* Vol.88, No.2, April, 1998, pp.319-328
- Kendrick, T.D., *The Lisbon Earthquake,* J. B. Lippincott Company, Philadelphia and New York, 1957
- Leal, Joana Cunha, "The Pombaline Effect: Lisbon's Dwellings in Late 18th and 19th Centuries" , 1st International Meeting EAHN, European Architectural History Network, Guimarães, 2010
- Levenson, Jay A. ed., *The Age of Baroque in Portugal,* National Gallery of Art, Washington, Yale University Press, New Haven and London, 1993
- Levret, A., "The Effects of the November 1, 1755 "Lisbon" Earthquake in Morocco" , *Tectonophysics,* Vol.193, 1991, pp.83-94
- Mascarenhas, Jorge Morarji Dias, *A Study of the Design and Construction of Buildings in the Pombaline Quarter of Lisbon,* doctoral thesis, 1996, Department of Civil Engineering and Building, Pontypridd, Mid Glamorgan, U. K.
- Maxwell, Kenneth, *Pombal: Paradox of the Enlightenment,* Cambridge University Press, Cambridge, 1995
- Mendes-Victor, Luiz A., Oliveira, Carlos Sousa, Azevedo, João, Ribeiro, António, eds., *The 1755 Lisbon Earthquake: Revisited,* Springer, Dordrecht, 2009
- Mendonça, Joachim Joseph Moreira de, *Historia Universal Dos Terremotos, Que Tem Havido No Mundo, de que ha noticia, desde a sua creaçaõ até o seculo presente. Com huma Narraçam Individual Do Terremoto do primeiro de Novembro de 1755. e noticia verdadeira dos seus effeitos em Lisboa, todo Portugal, Algarve, e mais partes da Europa, Africa, e America, aonde se estendeu : E huma Dissertaçaõ Ao Phisica sobre as causas geraes dos Terremotos, seus effeitos, differenças, e*

Porognosticos ; e as particulares do ultimo, Lisboa, 1758

- Miranda, J., Batlló, J., Ferreira, H., Matias, L. M. and Baptista, M. A., "The 1531 Lisbon Earthquake and Tsunami" , 15 WCEE, Lisboa 2012 (PDF)
- Molesky, Mark, *This Gulf of Fire: The Destruction of Lisbon, or Apocalypse in the Age of Science and Reason,* Vintage Books, New York, 2015
- Monteiro, Claudio, "Laws Written Evenly along Straight Lines: The Legal Framework of the Reconstruction of Lisbon after the Earthquake of 1 November 1755" , *Lisboa 1758: The Baixa Plan Today,* exhibition catalogue, 2008, pp.82-125
- Mullin, John R., "The Reconstruction of Lisbon following the Earthquake of 1755: a Study in Despotic Planning" , *Landscape Architecture & Regional Planning Faculty Publication Series,* Paper 45, 1992, University of Massachusetts, Amherst, U.S.A.
- Murteira, Helena, "The Lisbon Earthquake of 1755 : the Catastrophe and its European Repercussions" , *Economia Global e Gestão (Global Economics and Management Review),* Lisboa, vol.10, 2004, pp.79-99
- Oliveira, C. S., "Lisbon Earthquake Scenarios: a Review on Uncertainties, from Earthquake Source to Vulnerability Modelling" , *Soil Dynamics and Earthquake Engineering,* 28(10-11), October-November 2008, pp. 890-913
- Paice, Edward, *Wrath of God: The Great Lisbon Earthquake of 1755,* Quercus, London, 2008
- Penn, Richard, Wild, Stanley & Mascarenhas, Jorge, "The Pombaline Quarter of Lisbon: an Eighteenth Century Example of Prefabrication and Dimensional Co-ordination" , *Construction History,* Vol.11, 1996, pp.3-17
- Raggi, Giuseppina, Juvarra, Filippo in Portogallo: Documenti Inediti per i Progetti di Lisbona e Mafra (Filippo Juvarra in Portugal: Unpublished Documents for Lisbon and Mafra Projects), *ArcHistoR,* No.7, 2017, pp.33-71
- Richter, Charles F., *Elementary Seismology,* W. H. Freeman & Co., San Francisco and London, 1958
- Robinson, Andrew, *Earthquake: Nature and Culture,* Reaktion Books, London, 2012
- Rodrigues, Lúcia Lima and Craig, Russell, "Recovery amid Destruction: Manoel da Maya and the Lisbon Earthquake of 1755" , *Libraries & the Cultural Record,* Vol.43, No.4, 2008, pp.397-410
- San-Payo, M., De Almeida, I. Moitinho, Teves-Costa, P. and S. Oliveira, Carlos, "Contribution to the Damage Interpretation during the 1755 Lisbon Earthquake" , Mendes-Victor, Luiz A., Oliveila, Carlos Sousa, Azevedo, João, Ribeiro, António, eds., *The 1755 Lisbon Earthquake: Revisited,* Springer, Dordrecht, 2009, pp.297-308

- Santos, Angela, Correia, Mariana, Loureiro, Carlos, Fernandes, Paulo and Da Costa, Nuno Marques, "The Historical Reconstruction of the 1755 Earthquake and Tsunami in Downtown Lisbon, Portugal" , *Journal of Marine Science and Engineering,* 2019, 7, 208
- Savoja, Umberto, "Turin, the "Regular" Town: Illustrated" , *Town Planning Review,* Volume 12, Issue 3, 1927, pp,191-200
- Shrady, Nicholas, *The Last Day: Wrath, Ruin, and Reason in the Great Lisbon Earthquake of 1755,* Penguin Books, New York, London, 2008
- Smith, Robert Chester, *The Art of Portugal 1500-1800,* Meredith Press, New York, 1968
- Tobringer, Stephen, "Earthquakes and Planning in the 17th and 18th Centuries, *JAE,* 33(4), Summer, 1980, pp.11-15
- Young, George, *Portugal Old and Young; an Historical Study,* Oxford University Press, Oxford, 1917

【翻訳文献】

- 坂部恵・有福孝岳・牧野英二編『カント全集』第1巻（前批判期論集Ⅰ）、岩波書店、2000
- ジョーンズ、ルーシー『歴史を変えた自然災害――ポンペイから東日本大震災まで』大槻敦子訳、原書房、2021（Dr. Lucy Jones, *The Big Ones: How Natural Disasters Have Shaped Us,* Doubleday, New York, 2018）
- バーミンガム、デビッド『ケンブリッジ版世界各国史 ポルトガルの歴史』高田有現・西川あゆみ訳、創土社、2002（David Birmingham, *A Concise History of Portugal,* Cambridge University Press, Cambridge, 1993）
- ベネーヴォロ、レオナルド『図説 都市の世界史3 近世』佐野敬彦・林寛治訳、相模書房、1983（Leonardo Benevolo, *Storia della Città,* Laterza, 1975）
- ヴォルテール『カンディード』吉村正一郎訳、岩波文庫、1956 / 植田祐次訳、岩波文庫、2005 / 斉藤悦則訳、光文社古典新訳文庫、2015 / 堀茂樹訳、晶文社、2016（Voltaire, *Candide, ou l'Optimisme,* 1759）
- マックスウェル、ケネス「リスボン――1755年の地震とマルケス・デ・ポンバルによる都市復興」戸田穣訳、オクマン、ジョアン編『グラウンド・ゼロから――災害都市再創造のケーススタディ』鈴木博之監訳、鹿島出版会、2008、pp.21-63（Joan Ockman ed., *Out of Ground Zero: Case Studies in Urban Reinvention,* Prestel Verlag, Munich, Berlin, London, New York and The Trustees of Columbia University in the City of New York, 2002）

- ラスムッセン、スティーン・アイラー『都市と建築』横山正訳、東京大学出版会、1993（Steen Eiler Rasmussen, *Towns and Buildings,* The M.I.T. Press, 1951, First Danish edition 1949）

【邦書文献】

- 池上良平『震源を求めて——近代地震学への歩み』平凡社、1987
- 市之瀬敦『ポルトガル——震災と独裁、そして近代へ』現代書館、2016
- 大橋竜太『ロンドン大火——歴史都市の再建』原書房、2017
- 金七紀男「6.リスボン大震災と啓蒙都市の建設」中川文雄・山田睦男編『植民地都市の研究』JCAS連携研究成果報告8、国立民族学博物館地域研究企画交流センター、2005年3月31日、pp.163-184
- 金七紀男『増補新版 ポルトガル史』彩流社、2010
- 金七紀男『図説 ポルトガルの歴史』ふくろうの本、河出書房新社、2011
- 川出良枝「リスボン地震後の知の変容」サントリー文化財団「震災後の日本に関する研究会」編『「災後」の文明』別冊アステイオン、2014、阪急コミュニケーションズ、pp.131-151
- 黒崎政男『今を生きるための「哲学的思考」』日本実業出版社、2012
- 疇谷憲洋「リスボン再建と「リスボア・ポンバリーナ」について」『大分県立芸術文化短期大学研究紀要［研究ノート］』第43巻、2005、pp.177-186
- 疇谷憲洋「ポンバル政権の成立について——リスボン大地震の政治的影響」『大分県立芸術文化短期大学研究紀要』第49巻、2011、pp.31-41
- 疇谷憲洋「同時代印刷物から見たリスボン地震（1755年）への反応と対策」『大分県立芸術文化短期大学研究紀要』第52巻、2015、pp.123-136
- 立石博高編『スペイン・ポルトガル史』新版世界各国史16、山川出版社、2000
- 都市史図集編集委員会編『都市史図集』彰国社、1999
- 永冶日出雄「リスボン大地震 1755年——近代ヨーロッパの社会的震撼」『図説 リスボン大地震通覧』（ウェブサイト）
- 日端康雄『都市計画の世界史』講談社、2008
- ひょうご震災記念21世紀研究機構研究調査本部編『リスボン地震とその文明史的意義の考察』研究調査報告書、2015年3月
- 布野修司編『世界都市史事典』昭和堂、2019
- 保苅瑞穂『ヴォルテールの世紀——精神の自由への軌跡』岩波書店、2009
- 村上義和・池俊介編著『ポルトガルを知るための55章 第2版』明石書店、2011、初版2001

図版出典

第1章

1-1 Molesky 2015, p.116
1-4 Ibid., p.92
1-5・6 Chester & Chester 2010, p.10
1-7 Molesky 2015, p.147

第2章

2-2 Fonseca 2004, p.29（所蔵：Museu de Lisboa, NISEE, University of California, Berkeley）
2-3 Ibid., p.16（G. Braunio, *Civitatis Orbis Terrarum*, Vol.5, Amsterdam, 1593? 所蔵：Museu de Lisboa）
2-4 Paice 2008, p.xi
2-5 San-Payo, et al. 2009, p.303
2-6 Baptista, et al. 1998, p.154（一部加筆）

第3章

3-1 Fonseca 2004, p.77（所蔵：Museu de Lisboa）
3-2 Molesky 2015, p.25（所蔵：NISEE, University of California, Berkeley）
3-3～6 著者撮影
3-7 所蔵：Museu da Cidade

第4章

4-1 Fonseca 2004, p.25（所蔵：Museu de Lisboa）
4-2 Ibid., p.92（所蔵：Biblioteca Nacional, Lisboa）

第6章

6-1・2 Sir John Soane's Museum（撮影：Hugh Kelly）
6-3 著者撮影
6-4 Smith 1968, Colour plate V, Scale（Giulio Guzzoni）
6-5 上：Fonseca 2004, p.17（所蔵：Museu de Lisboa）/ 下：著者撮影
6-6 França 1987, p.82（所蔵：Associação dos Arcqueólogos Portugueses）
6-7 Ibid., p.87（所蔵：同上）
6-8 Ibid., p.92（所蔵：Colecção Vasco Bensaúde, Lisboa）

第7章

7-1 Mascarenhas 1996, p.30
7-2 França 1987, p.109（A. Vieira da Silva, *Plantas Topograficas de Lisboa*, 1950）
7-3 ① Ibid., p.96（所蔵：Gabinete de Estudos Históricos de Fortificações e Obras Militares）/ ② Ibid., p.97（所蔵：同上）/ ③ Ibid., p.99（所蔵：Museu Municipal de Lisboa）/ ④ Ibid., p.100（所蔵：Gabinete de Estudos Históricos de Fortificações e Obras Militares）
7-4・表紙 Ibid., p.105（Ribeiro, João Pedro "Planta topográfica da cidade de Lisboa" / 所蔵：Museu de Lisboa / A.Vieira da Silva, *Plamtas Topográficas de Lisboa*, 1950）
7-5 Ibid., p.102（所蔵：Gabienete de Estudos Históricos de Fortificações e Obras Militares）

第8章

8-1 著者撮影

第9章

9-1 Mascarenhas 1996, p.46
9-2 França 1987, p.169（所蔵：Arquivo Hiostórico das Obras Públicas）
9-3 Mascarenhas 1996, p.101
9-4・5 Ibid., p.83
9-6 França 1987, p.166（Eugénio dos Santos, *Precur do Urbanismo e da Arquitectura Moderna*, Lisboa, 1950）
9-7 Mascarenhas 1996, p.94
9-8・9 Penn, Wilde & Mascarenhas 1996, p.8